Liebe Leserinnen, liebe Leser!

Obst und Gemüse im Supermarkt einkaufen, das kann jeder und jede. Auf dem Balkon oder im Garten die Samen einsetzen, gießen, pflegen und den Pflänzchen beim Wachsen zuschauen ist dagegen viel spannender – und keine Ernte so frisch und beglückend wie die eigene.

Deshalb widmen wir diese Sonderausgabe von WOHLLEBENS WELT ***allen Gartenliebhaberinnen und Selbstversorgern.*** Und jenen, die schon immer mal mit der Pflanzkelle hantieren wollten.

Wir stellen Ihnen in einem umfangreichen Dossier vor, wie Beete entstehen, die das ganze Jahr über gesunde Köstlichkeiten abwerfen, wir zeigen, welche Beerensträucher und Obstbäume für den heimischen Anbau besonders geeignet sind, welche überraschende Vielfalt an Tomaten es gibt und was man bei deren Zucht beachten sollte. Zudem finden Sie eine Menge ***praktischer Tipps und Tricks:*** etwa wie man kompostierbare Anzuchttöpfe bastelt, wie man einen Blumenkübel in ein wunderbares Mini-Gemüsebeet verwandelt. Oder auch, wie sich Schnecken, Mäuse und andere unerwünschte Mitesser schonend vertreiben lassen.

Naturnah gärtnern, das bedeutet aber auch: ein Paradies zu schaffen, in dem möglichst viele Insekten, Vögel und andere Tiere ein Refugium finden. Und das dazu einlädt, sich jeden Tag aufs Neue vom ***Reichtum der Artenvielfalt*** inspirieren zu lassen. Dieses Heft ist also eine Hommage an die Oasen hinter unseren Häusern. Und wir hoffen, dass Ihnen die folgenden Seiten auch Lust bereiten, der heimischen Natur mehr Raum zu geben.

Entdecken Sie die Natur! Mit Peter Wohlleben und dem Redakteur Rainer Harf

Rainer Harf   Peter Wohlleben

Reguläre Ausgaben von WOHLLEBENS WELT sind im GEO-Shop erhältlich

Naturschutz: Wie sich der eigene Garten in ein Paradies der Artenvielfalt verwandeln lässt *Seite 32*

Rund

40

-mal mehr Arten als in Parks leben hierzulande in Gärten

Beete: Wer sich ein wenig auskennt, kann beinahe das ganze Jahr über Leckereien ernten *Seite 50*

Obstbäume: Was es zu beachten gilt, wenn man knackige Früchte reifen lassen möchte *Seite 6*

Tomaten: Es gibt sie in überraschenden Farben und Formen *Seite 80*

Plagegeist

Inhalt

EXTRA 1/22

Waldheimat

Rabatt auf Online-Kurse

Bäume bestimmen? Kräuter? Insekten? Jetzt vergünstigte Online-Kurse bei Wohllebens Waldakademie buchen

Einfach auf **wald-lernen.de** Wunschkurs wählen und im ersten Buchungsschritt des Bestellprozesses persönlichen Rabatt-Code »GEO30« eingeben, um 30 Prozent Ermäßigung zu erhalten. Und schon heißt es: Online-Kurs inklusive Materialien, Lernvideos und vielen weiteren Vorteilen genießen.

Reingehört: Alle 14 Tage erscheint eine neue Folge des Podcasts »Peter und der Wald«

Auch optisch sind Obstgehölze ein Gewinn – vor allem im Frühjahr, wenn Kirsche, Apfel und Co blühen

Pflaumenfreude

EINE WIESE VOLLER FRÜCHTE

Üppig tragende Obstbäume sind Genuss-Garanten – und eine Anschaffung fürs Leben. Daher sollte man sich gut überlegen, welche Exemplare im eigenen Garten gedeihen sollen. Tipps für die Pflanzung – und die beste Ernte

Text: Peter Wohlleben

Vitamindepot

Generationenprojekt

Rund
22
Kilo Äpfel verzehren Deutsche pro Kopf im Jahr

Hat ein Obstbaum das entsprechende Alter erreicht, ist keine Ernte so frisch und beglückend wie die eigene

Alte Obstwiesen mit hochstämmigen Bäumen (hier nahe Dresden) sind wichtige Refugien auch für Tiere – etwa Vögel, die in Asthöhlen brüten

EIN GLÜCKLICHER MENSCH, WER ALTE WIESEN SEIN EIGEN NENNT: HIER GEDEIHEN OFT BESONDERS SELTENE SORTEN

Bis zu

50

Jahre lang tragen Kulturapfelbäume Früchte

Sie sind eine Kunstform der Bäume, denn so, wie wir sie im Garten finden, kommen Obstbäume in der Natur nicht vor. Von den Sorten, die man vermehren möchte, werden Zweige geschnitten und auf eine andere Baumart gepflanzt (oder fachmännisch ausgedrückt „gepfropft").

Im Prinzip erhält man dann zwei Bäume. Der untere, auch Unterlage genannt, stellt Wurzeln und Stamm zur Verfügung, der obere Äste, Blätter, Blüten und Früchte. Damit ist der höhere auch der wichtigere, ganz wie im richtigen Leben. Die Hochzeit zwischen beiden Bäumen nennt man veredeln, und fortan wirken sie wie ein einziger Baum. Die Unterlage bestimmt allerdings, wie schnell der Baum zukünftig wachsen kann und wie groß er damit wird. Je nach Auswahl können Baumschulen damit garantiert kleinwüchsige Exemplare oder große ausladende von derselben Sorte anbieten.

Äpfel

Sie können als so etwas wie das „Urobst" für die Selbstversorgung bezeichnet werden. Äpfel sind vielseitig verwendbar: zum Frischverzehr, als Lagerware, zum Trocknen, Einkochen oder sogar als Wein. Zudem gibt es sie als Wildform überall in Mitteleuropa, womit ihre Tauglichkeit für die meisten Klimazonen erwiesen wäre. Das heißt allerdings noch lange nicht, dass alle Apfelsorten überall wachsen. Manche sind wärmeliebend, während andere noch in höheren, rauen Lagen gute Erträge bringen.

Wichtig ist natürlich auch, wie die Äpfel schmecken. Was nützt die üppigste Ernte, wenn niemand in der Familie zubeißen mag? Oder die Haltbarkeit: Manche Sorten, wie der Klarapfel, müssen frisch verzehrt oder verarbeitet werden, andere, wie der Winterrambur, können im Keller über den Winter gelagert werden. Letztes Kriterium ist die Resistenz gegen Krankheiten. Feuerbrand (bei dem oft der ganze Bestand beseitigt werden muss), aber auch weniger gefährliche Infektionen wie Schorf (der lediglich Optik und Genuss beeinträchtigt) müssen nicht sein, wenn man entsprechende Sorten wählt.

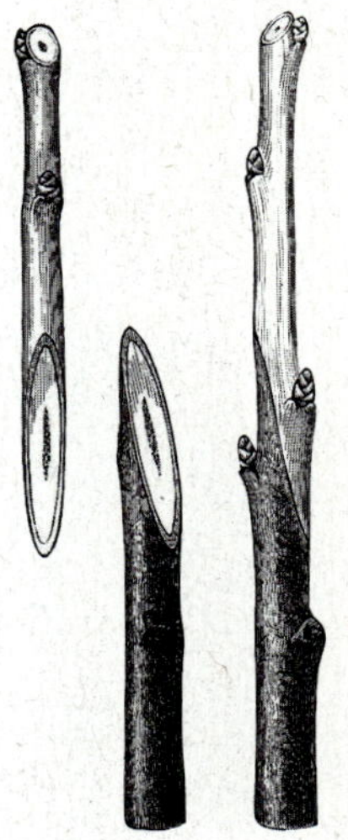

Durch Veredeln lässt sich etwa eine alte, geliebte Apfelsorte nachziehen. Dazu wird ein einjähriger Trieb auf einen jungen, gesunden Sämling gepfropft

Hier kommt das „R" ins Spiel. Neue Züchtungen, die mit diesem Buchstaben beginnen, sind entsprechend robust, so etwa Retina.

Birnen

Birnen haben ein größeres Wärmebedürfnis und eine geringere Lagerfähigkeit der Früchte. Für Selbstversorger in raueren Gebieten sind das keine optimalen Voraussetzungen. Wer nur eine Art Obstbaum pflanzen kann, sollte auf jeden Fall Apfel wählen. Hat man aber genügend Apfelbäume, dann kann ein wenig Abwechslung nicht schaden. Eine robuste Sorte, die auch gut Frost verträgt, heißt Katzenkopf.

Pflaumen

Auch für Pflaumen gilt: Sie lassen sich nicht gut lagern. Dafür sind sie auf anderen Gebieten deutlich unkomplizierter. Zur Bestäubung ist noch nicht einmal ein zweiter Baum nötig, weil etwa die gewöhnliche Hauszwetschge, aber auch andere Sorten selbstfruchtend sind. Und für alle anderen tut es auch Verwandschaft, so etwa Schlehen (Schwarzdorn), eine Wildpflaumenart, die fast überall in Mitteleuropa natürlich vorkommt. Als Sorte empfiehlt sich die Hauszwetschge, und das nicht nur wegen der ➻

Kartografie Auf der Plattform *mundraub.org* kann man Fundstellen für wilde Frucht- und Obstgewächse eintragen.

Nährstoffe Für eine dauerhafte Ernte sollten Obstbäume alle zwei Jahre etwa mit altem Mist oder Kompost gedüngt werden.

Erntestart Der Beginn der Kirschreife ist je nach Region unterschiedlich. Sie reicht von Mitte Mai bis August.

OHNE GROSSES ZUTUN HÄNGEN JEDES JAHR WIEDER PRALLE FRÜCHTE AN DEN ÄSTEN

Seit etwa
450
Jahren trotzt Deutschlands ältester Wildapfelbaum in Stubbendorf allen Widrigkeiten

Über
100
Apfelsorten wachsen allein auf deutschen Wiesen

Bis zu 10 Jahre
können vom Apfelkern bis zur ersten Ernte vergehen. Erst wenn ein neuer Baum groß genug ist, wirft er eine nennenswerte Ernte ab

AUCH FERNAB DES EIGENEN GARTENS
LASSEN SICH WAHRE SCHÄTZE ENTDECKEN –
WIE HIER AUF STREUOBSTWIESEN
AM FUSSE DER SCHWÄBISCHEN ALB

Tipps für den perfekten Start

Die Pflanzung ist der wichtigste Moment für einen neuen Baum. Da sollte es möglichst nicht zu Fehlern kommen

Den Platz wählt man sorgfältig so aus, dass sich die Krone des neuen Baums nach allen Seiten ausdehnen kann und genug Licht erhält. Dann gräbt man das Pflanzloch, tiefer als die Wurzellänge, und füttert es unten mit lockerer Erde ein. Die Wurzeln sollten bis zum Schluss verpackt bleiben, da sie keine Luft vertragen und rasch vertrocknen. Hat man ein Bäumchen im Topf gekauft, muss man beim Einpflanzen nur den Raum um den Wurzelballen mit Erde füllen. **Bei wurzelnackten Pflanzen, die völlig ohne Erde kommen, ist mehr Sorgfalt erforderlich.** Schicht um Schicht wird feinkrümelige Erde eingefüllt und immer wieder ein wenig am Stämmchen gerüttelt, damit sie auch zwischen die Wurzeln fällt. Grundsätzlich wird mindestens so weit aufgefüllt, wie die Pflanze im Baumschulbeet eingegraben war. Nach der Pflanzung wird ordentlich gewässert, damit sich auch kleinste Hohlräume mit Erde füllen und die Wurzeln komplett durchfeuchtet sind.

EIN GROSSER NUSSBAUM BIETET DEN BESTEN PLATZ FÜR EINE GARTENBANK

Bestäubung. Die Früchte enthalten viel Zucker, und wenn sie lang genug am Baum ausgereift sind, lassen sie sich zu köstlichem Pflaumenmus verarbeiten.

Zu den Pflaumen gehören übrigens auch Mirabellen und Reneklоden (Eierpflaumen), die das Sortiment geschmacklich abrunden.

Kirschen

Sie sind die Obstbäume unserer Breiten - zumindest wenn die Natur das Wort hätte. Denn die wilde Form, die Vogelkirsche, gehört überall in den Wäldern in einzelnen Exemplaren zum typischen Bild. Nahe am Original sind die Sauerkirschen. Sie sind etwas größer, schmecken aber fast genauso herb. Zwar gibt es aktuelle Züchtungen, denen etwas Säure und die komplette Bitterkeit fehlt, aber damit bewegen sie sich schon auf die zweite Gruppe, die Süßkirschen, zu.

Kirschen haben jedoch denselben Nachteil wie Beerenobst: Sie sind bei Vögeln unglaublich beliebt (siehe Name der Wildform!). Und leider holen sich die fliegenden Gäste die Früchte, kurz bevor diese reif sind. Das lässt sich nur ausgleichen, indem man entweder mehrere Bäume pflanzt und die Ernte damit deutlich erhöht, oder dadurch, daß man Netze über die Kronen spannt.

In zunehmendem Maße breiten sich zudem sowohl die heimischen wie auch die eingeschleppten amerikanischen Kirschfruchtfliegen aus. Sie stürzen sich auf die halbreifen Früchte und legen ihre Eier darauf ab. Die Larven fressen darin um den Kern herum, verlassen später die Kirsche und verpuppen sich im Boden. Bis zu 50 Prozent der Kirschen können befallen werden, und das verdirbt jeden Genuss.

Die beste Möglichkeit der Abwehr ist die Wahl früher Sorten. Bei ihnen reifen die Früchte schon dann, wenn die Fliegen gerade erst mit der Suche nach halbreifen Kirschen beginnen. Bei Sauerkirschen ist das Risiko deutlich geringer, aber auch hier können frühe Sorten wie etwa die Rote Maikirsche nicht schaden.

Blüten und Blätter der Walnuss verströmen ätherische Öle, die auch Mücken vertreiben. Unter einem großen Nussbaum lässt es sich daher angenehm verweilen

Walnüsse

Fast alle lieben Walnüsse. Doch die Pflanzung eines entsprechenden Nussbaums will gut überlegt sein. Denn nach anfänglichem langsamem Wachstum starten die Bäume später durch und können ohne Probleme 300 Quadratmeter Garten überschirmen. Normalerweise wäre das egal, denn im Halbschatten von Obstbäumen lassen sich ohne Weiteres noch andere Kulturen ziehen. Nicht so bei Nussbäumen. Sie verströmen ätherische Öle, die jede Konkurrenz unterdrücken. Auch ihr Laub ist aggressiv und stört fremden Bodenbewuchs.

Möchte man also selbst Walnüsse ernten, dann sollte man reichlich Platz einplanen. Unter einem großen Nussbaum ist übrigens der beste Platz für eine Gartenbank, denn die ausströmenden Stoffe vertreiben auch Mücken.

Wenn es an die Sortenwahl geht, dann sind selbstfruchtende Bäume empfehlenswert. Ansonsten müssten mindestens zwei gepflanzt werden, und das bräuchte dann noch mehr Platz. Anders ist es, wenn in der Nachbarschaft weitere Exemplare stehen. Doch verlassen sollte man sich darauf nicht, schließlich könnten deren Besitzer sie eines Tages fällen, und dann steht der eigene Baum als Einzelkind da.

Auch vom Nachziehen von Sämlingen aus Nüssen ist abzuraten. Der daraus entstehende Baum ist ein Überraschungspaket, und wenn sich nach zwanzig Jahren herausstellt, dass er nichts taugt, ist die Enttäuschung groß. Und auch selbstfruchtende Bäume brauchen etliche Jahre, bevor sie tragen. Man braucht also Geduld. ●

Standort wählen Wird der Baum im ausgewachsenen Zustand weder durch das Haus noch durch Nachbarbäume beschattet?

Passender Boden Staunässe und starke Verdichtung mögen Bäume nicht, gegen saure Verhältnisse hilft eine Kalkung.

Durstiger Nachwuchs Wer im Frühjahr pflanzt, sollte einen Baum im ersten Jahr auch den Sommer über regelmäßig gießen.

Tolle Knolle

Gratin, Püree oder Puffer: Kartoffeln sind von unserem Speiseplan nicht mehr wegzudenken. Mit einigen Tipps lassen sich die leckeren und überaus gesunden Knollen ganz einfach selbst kultivieren

Text: Lena Neher

Das Erntegut sollte man stets in grobmaschigen Metallkörben sammeln, durch die lose Erde herausfallen kann. Die Knollen nur waschen, wenn man sie direkt verarbeiten will

Pflege-Tipps

Kartoffeln gehören zur Gruppe der Starkzehrer, weshalb sie vor der Pflanzung, aber auch während der Fruchtbildung gedüngt werden sollten. Es empfiehlt sich, Tomaten so weit wie möglich von den Kartoffeln entfernt zu pflanzen, um einen Krankheitsbefall bei beiden Gewächsen zu verhindern.

60 Kilo

beträgt der Pro-Kopf-Verbrauch im Jahr. Damit ist das Nachtschattengewächs, das ursprünglich aus Südamerika stammt, das Grundnahrungsmittel Nummer eins in Deutschland

Frühkartoffeln werden geerntet, wenn das Kraut noch grün ist. Dazu die Pflanzen am Stängel aus der Erde ziehen und die Knollen ablösen

Guter Nachbar: Kapuzinerkresse ist eine schützende Begleitpflanze, obendrein ergeben Blüten und Blätter einen würzigen Salat

»Eine Grabegabel verhindert, dass die Knollen bei der Ernte verletzt werden«

Sortenkunde

Bunte Vielfalt

Vorteile von Pflanzkartoffeln

Im Vergleich zu Supermarkt-Kartoffeln überzeugen Pflanzkartoffeln durch späteren **Ertrag und ihre Widerstandsfähigkeit** gegenüber Krankheiten (etwa Krautfäule) und Schädlingen (etwa Käfer).

Exotisch bis klassisch

Blaue Chips oder rosarote Gnocchi – wer es etwas ausgefallener mag, setzt auf Sorten wie »Blaue Anneliese«, »Rosemarie« (festkochend, leicht speckiger Geschmack), »Rote Emmalie« (vorwiegend festkochend, würziger Geschmack), »Blauer Schwede« oder »Violetta«. Verantwortlich für die **kuriose Färbung** sind übrigens Anthocyane, wasserlösliche Pflanzenfarbstoffe, sogenannte Bioflavonoide. Zu deutschen Klassikern zählen Sorten wie der festkochende, feinwürzige »Angeliter Tannenzapfen« oder der mehligkochende »Ackersegen« – mit seinem buttrigen Geschmack perfekt für Püree. Kartoffelsalat-Fans kommen mit der »Heideniere« oder der »Bamberger Krumbeere« auf ihre Kosten. »Franceline« aus Frankreich ist dank rosafarbener Schale auch als Pellkartoffel ein echter Hingucker, »Mayan Twilight« aus Schottland schmeckt nussig-süß und eignet sich besonders für Suppen und Kartoffelpuffer. Noch mehr Infos unter *kartoffelvielfalt.de.*

2022

wurde die Kartoffel wegen ihrer überwiegend giftigen Pflanzenteile (alles Grüne und Keimlinge) zur Giftpflanze des Jahres gewählt

K

Kartoffeln sind überaus gesunde Sattmacher und bescheren zudem eine sichere Ernte – sofern man einige Regeln beachtet.

Vorkeimen

Kartoffeln Ende März/April etwa zwei bis drei Wochen vor dem Pflanzen ans Licht legen (Fensterbank, 15 Grad), damit sie vorkeimen. Fangen sie nicht nach wenigen Tagen an zu keimen, sollten sie für zwei bis drei Tage an einen wärmeren Ort verlagert werden. Beginnen sie zu keimen, können sie wieder kühler gelegt werden. Haben sie bereits lange, dünne Triebe gebildet, werden diese einfach mit dem Finger abgebrochen. An dieser Stelle entstehen dann gesunde kurze, dicke Triebe.

Boden

Kartoffeln sind Mittel- bis Starkzehrer und bevorzugen leicht sauren, nährstoffreichen Boden – eine mit Kompost angereicherte Erde ist ideal. Vor dem Pflanzen Unkraut entfernen und den Boden hacken, um ihn locker zu bekommen. Den Standort für die Pflanzung jährlich wechseln, um den Boden nicht auszulaugen und zudem Krankheiten vorzubeugen, die über den Boden übertragen werden.

Pflanzen

Etwa Mitte/Ende April kommen frühe und späte Sorten zeitgleich in die Erde – geerntet wird lediglich zu unterschiedlichen Zeitpunkten. Dasselbe gilt für das Pflanzen in Kübeln auf der Terrasse oder dem Balkon. Im Garten etwa 10 bis 15 Zentimeter tiefe Reihen ziehen, im Abstand von circa 60 Zentimetern. Für gerade Linien einfach eine Richtschnur verwenden, das erleichtert später das Anhäufeln. Kartoffeln mit dem Keimling nach oben in die Mulden legen, mit Erde bedecken und die Fläche gießen. Pflanzt man im Kübel, unbedingt einen mit Ablauflöchern verwenden.

Pflegen, ernten, einlagern

Bei der Pflege der Kartoffelpflanzen ist nicht viel zu beachten. Sie sollten regelmäßig bewässert werden (die Erde, nicht die Pflanze!).

Beginnen die Pflanzen zu blühen, bilden sie unterirdisch erste kleine Knollen

Außerdem sollte gerade am Anfang Unkraut entfernt werden, damit es der Kartoffelpflanze nicht unnötig Wasser entzieht. Sobald sich die ersten Blätter zeigen, häufelt man die Pflanze mit der umliegenden Erde an, damit keine Kartoffeln ans Licht kommen und so ungenießbar werden. Kartoffeln werden geerntet, wenn sie vollständig ausgereift sind. Diesen Zeitpunkt erkennt man, wenn die Blüten abgeblüht und die Pflanzen etwas eingetrocknet sind. Ist man sich unsicher, kann eine Pflanze zum Test geerntet werden. Frühe Sorten werden etwa ab Juni geerntet und späte im Spätsommer, ab etwa September.

Wenn das Laub der Kartoffeln komplett abgestorben ist, sollten die Spätkartoffeln noch etwa zwei Wochen im Boden verbleiben. In dieser Zeit härtet die Schale aus, und sie bleiben bei der Lagerung länger frisch. Bei trockenem Wetter ernten, Kartoffeln mit kleinen Stellen aussortieren und in Erntekisten noch einige Tage trocknen lassen. Danach mit etwas Stroh oder Jutesäcken bedeckt in Erntekisten im Geräteschuppen oder in der Garage (ein kühler Ort, an dem die Temperaturen nicht unter null fallen) luftig und trocken lagern. Auf die frei gewordene Fläche Gründünger säen. Besonders gut eignen sich Phacelia, Gelbsenf, Ölrettich, Winterwicke, Inkarnatklee, Leindotter, Sandhafer, Wickroggen oder Wintereiweißerbse. ●

Tortilla mit Salbei

Für 2 Personen

750 g festkochende Kartoffeln
Salz, schwarzer Pfeffer
1–2 Stiele Oregano
1–2 Stiele Majoran
1 große Zwiebel
4 El Olivenöl
6 Eier (Klasse M)
3 Stiele Salbei
außerdem: ofenfeste Form

1 Am Vortag oder einige Stunden vorher die Kartoffeln gründlich schrubben und mit Schale circa 25 Minuten in kochendem Salzwasser garen. Abgießen und auskühlen lassen, dann kalt stellen.

2 Oregano- und Majoranblättchen von den Stielen zupfen und fein hacken. Die Kartoffeln pellen und in Scheiben schneiden. Zwiebel in feine Ringe schneiden.

3 2 El Öl in einer Pfanne erhitzen und die Kartoffeln darin bei mittlerer bis starker Hitze 12–15 Minuten schön goldbraun braten, dabei immer wieder wenden. Die gehackten Kräuter und Zwiebelringe hinzufügen, salzen und weitere 2 Minuten braten.

4 Den Ofen auf 180 Grad (Umluft 160 Grad) vorheizen. Die Form fetten. Die Eier in einer Schüssel leicht verquirlen und mit Salz und Pfeffer würzen. Die gebratenen Kartoffeln, Zwiebeln und Kräuter in die Form schichten, dann die Eier darübergießen und die Tortilla 20–25 Minuten auf der mittleren Schiene goldgelb backen.

5 Gegen Ende der Garzeit das restliche Öl in einer kleinen Pfanne erhitzen. Die Salbeistiele darin 1–2 Minuten braten und dann über die Tortilla streuen. Sofort servieren.

Etwa alle 30 Zentimeter kommt eine Kartoffel in die Erde, aus ihr wächst eine neue Pflanze und bringt je nach Sorte etwa 20 Knollen

Gut geschützt

Kühl und dunkel lautet die Devise für die Lagerung (bei Licht – egal ob natürlich oder künstlich – färben sich Kartoffeln grün, das giftige Solanin entsteht). Neben Garage oder Geräteschuppen eignen sich für die Aufbewahrung auch das Gemüsefach im Kühlschrank oder die Speisekammer. Kartoffeln unbedingt ungewaschen lagern, denn gewaschen haben sie eine deutlich kürzere Haltbarkeit.

» Ob Blumen oder Bäume: Im Wald erwacht jetzt alles zum **Leben** «

Mit der Unterstützung der erfahrenen Friedwald-Försterinnen und -Förster finden Sie den passenden Baum für Ihre Grabstätte

Bleiben Sie dem Wald verbunden

Ein Waldspaziergang in der Natur spendet im Frühling besonders viel Kraft. Entdecken Sie dabei einen Standort von FriedWald in Ihrer Nähe

Die Amseln zwitschern, die Knospen an den Bäumen verbreiten ihren feinen Duft, Schneeglöckchen, Bärlauch und Scharbockskraut bilden hübsche Farbtupfer am Boden: Im Frühling erwacht der Wald zum Leben. Besonders jetzt spüren wir bei einem Waldspaziergang, wie sehr wir in der Natur den Alltag vergessen und Kraft tanken können. Im Wald finden wir Ruhe – zu Lebzeiten, aber auch darüber hinaus.

Seit 2001 bietet FriedWald als erster Anbieter in Deutschland Bestattungen unter Bäumen in biologisch abbaubaren Urnen an. Damit schafft FriedWald eine Alternative zu konventionellen Friedhöfen, die ganz im Einklang mit der Natur steht. Über 75 Standorte gibt es bereits, verteilt in ganz Deutschland. Sie möchten sie gern entdecken? Über die FriedWald-Website können Sie nach einem Standort in Ihrer Nähe suchen und erhalten erste Informationen zur Beisetzung in der Natur.

Wenn Sie sich genauer umsehen möchten, unternehmen Sie gern einen Ausflug in den nächstgelegenen FriedWald. Eine Informationstafel weist auf den besonderen Ort hin und gibt erste Einblicke in das Konzept. Besucher können sich außerdem einen Lageplan sowie eine Kostenübersicht mitnehmen. Wer für sich selbst oder für einen Angehörigen einen Platz im FriedWald wünscht, kann sich von einem erfahrenen Förster oder einer Försterin bei der Auswahl des Baums beraten lassen. Ob hochgewachsene Buche oder imposante Eiche – der passende Baum als letzte Ruhestätte für eine einzelne Person oder eine ganze Familie findet sich. Unter 06155 848-100 können Sie einen individuellen Termin vereinbaren.

Oben: Ein Schild am Baum weist auf die Ruhestätte hin
Mitte: Die Urnen sind schlicht und biologisch abbaubar
Unten: An der Informationstafel steht alles Wissenswerte

Mehr Informationen unter: www.friedwald.de

FriedWald®
Die Bestattung in der Natur

So lassen sich Samen perfekt im Zimmer zur Keimung bringen

Ein Gewächshaus für *die Fensterbank*

Keimlingspflege

Die Temperatur am besten regelmäßig mit einem Thermometer überprüfen

Man kann wunderbar drei oder vier der Gewächshäuschen auf ein Tablett stellen. Wenn es zu heiß wird: einfach die Deckel öffnen (weitere Anleitungen in »Samenwunder« von Sophie Collins und Melissa Mabbitt, siehe Seite 114)

Das brauchen Sie:

- 2 durchsichtige Obstschalen
- Klebeband
- Aussaaterde
- Papprollen von Toilettenpapier (wahlweise)
- Eierkartons (wahlweise)
- 1 Tablett

***Durchsichtige Schalen**, die im Supermarkt als Behälter für Obst oder Weintrauben benutzt werden, sind für dieses Projekt ideal. Aus ihnen lässt sich rasch ein **Mini-Gewächshaus** basteln, das Samen eine behagliche Atmosphäre zum Keimen bietet und zarte Pflänzlein vor dem Austrocknen schützt.*

Schritt 1 Zwei Schalen umgedreht aufeinanderlegen und mit Paketband so zusammenkleben, dass sie sich wie eine Muschel öffnen

Meist
2
Keimblätter schieben sich aus den Samen

Schritt 2 Das Zimmergewächshaus zur Hälfte mit Aussaaterde füllen und die Samen hineingeben. Nun heißt es: anfeuchten, zuklappen und warten

Schritt 3 Alternativ lassen sich auch aus Toilettenpapierrollen oder einem Eierkarton Einsätze nutzen, die man später samt der Keimlinge einpflanzen kann

Da die kleinen Kraftkugeln, einmal gepflückt, mit der Zeit an Nährstoffen verlieren, kommt die beste Ware – etwa Himbeeren – direkt vom Strauch

Von der Hand in den Mund

Beeren zählen zum gesündesten Naschwerk der Natur. Die farbenfrohen Gewächse sind voller *Vitamine und anderer Pflanzenstoffe* und bieten unvergleichlichen Geschmack. Ein Sorten- und Ernte-Ratgeber für den heimischen Anbau

Text: Peter Wohlleben

Blau und rot, grün, violett, schwarz – im Sommer und Herbst leuchten sie wieder: Beeren aller Arten. Mit ihren süßsäuerlichen Aromen sind die kleinen Früchte wie geschaffen zum Naschen, ein wunderbarer Snack. Wer auf die richtigen Sorten setzt und einige Tipps beherzigt, wird sich jedes Jahr wieder auf die heimische Strauchbeerensaison freuen.

Johannisbeeren

Johannisbeeren sind der Klassiker unter den Obststräuchern. Sie sind pflegeleicht und bringen reiche Ernte. Hinsichtlich der Sorten stellt sich zunächst die Frage, ob es Rote, Weiße oder Schwarze sein sollen. Die Weißen sehen nicht ganz so sommerlich aus, haben aber den Vorteil, dass das Vögel genauso sehen. Sie gehen davon aus, dass diese Beeren nicht reif sind, und lassen sie meist links liegen. Eine sehr robuste Sorte, die zudem hohe Erträge liefert, ist „Blanka". Bei den Roten wird nach wie vor der Klassiker „Jonkheer van Tets" angeboten, der auch bei uns noch aus den ersten Selbstversorgertagen vorhanden ist.

Die Sträucher tragen sehr gut, sind aber nicht gegen alle Krankheiten wie die Blattfallkrankheit oder das Verrieseln (Herabfallen der Beeren) gefeit. Neuere Züchtungen sind da robuster, und sie beginnen oft (vielleicht, damit man sich das besser merken kann) mit dem Buchstaben R: „Rolan", „Rotet", „Roodneus", sie alle tragen gut und machen keinen Kummer. Eine besonders gute schwarze Sorte ist „Ometa": lecker, robust und mit hohem Ertrag.

Jostabeeren

Jostabeeren sind eine Kreuzung aus Schwarzen Johannisbeeren und Stachelbeeren. Sie sind robust, wachsen zu großen Sträuchern (bis zwei Meter Höhe) heran und sind sehr ertragreich. Uns gefallen sie auch deshalb so gut, weil sie nicht so stark von Vögeln geplündert werden.

Ein kleiner Nachteil ist die schlechte Pflückbarkeit: Entweder reißt die Beere beim Abziehen auf, oder es bleibt ein kleiner grüner Stiel an ihr hängen. Durch diesen Umstand finden sich die Beeren auch kaum im Handel, aber für den Eigenbedarf ist das kein Hindernis. Speziell beim Entsaften spielen Stielreste keine Rolle, und für Säfte oder Gelees ist dies sowieso die beste Methode. Jostabeeren brauchen einige Jahre, um voll zu fruchten. Bei uns war das erst mit einer Höhe von 1,50 Meter der Fall, doch dann ging es schlagartig los. Der Erntezeitpunkt ist gekommen, wenn die Beeren ihre Farbe von dunkelrot zu fast schwarz wechseln. Im Zweifelsfall testet man einfach den Geschmack: Reife Beeren sollten mehr süß als sauer schmecken. Nun lässt sich täglich durchpflücken, denn kurz nach dieser Verwandlung fallen sie auch schon herunter.

Wunderbare Melange: Die Jostabeere vereint das süße, feinsäuerliche Stachelbeeraroma mit dem leicht herben Geschmack der Johannisbeere

Erdbeeren

Erdbeeren lassen sich vielseitig verarbeiten und läuten ganz nebenbei den Sommer ein. Eigentlich handelt es sich um Waldpflanzen, die einen humusreichen, immer leicht feuchten Boden mögen. Das Beet für diese Pflanzen kann zum Beispiel in der Nähe einer Hecke angelegt werden, wo die Luftfeuchtigkeit höher ist und Windruhe herrscht. In der Reihe sollte 50 Zentimeter Abstand eingehalten werden, die Reihen selbst mindestens 80 Zentimeter auseinanderliegen. Das erleichtert das Ernten enorm. Zudem bekommen die Früchte viel Sonne, reifen dadurch schneller und schmecken süßer.

Erdbeerpflanzen altern, und nach gängiger Meinung sollten sie spätestens nach drei »→

Weiße Täuschung

Rote Verlockung

Seit dem

15.

Jahrhundert wird die Rote Johannisbeere kultiviert

Weiße Johannisbeeren haben gegenüber Roten den Vorteil, dass Vögel sie meist nicht als reif ansehen – und deshalb verschmähen

Über die *inneren Werte* der kleinen Kugeln wissen Forscher nur Gutes zu berichten

Sommerlicher Drink mit Johannesbeer-Shrub

4 cl Johannisbeer-Shrub
20 cl Mineralwasser
Eiswürfel

Shrub ist der traditionelle Name für einen essiggesäuerten Fruchtsirup. Man verwendet hierzu etwa *500 g frische, unbehandelte Johannisbeeren, 500 ml naturtrüben Bio-Apfelessig, 200 g Zucker, 1 Zimtstange sowie 10 Gewürznelken* und koche die Zutaten in einem Topf zu einem Sirup auf. Danach den Sirup durch ein Sieb gießen und noch im heißen Zustand in Flaschen oder Gläser abfüllen. Nach dem Abkühlen lässt sich der Shrub sofort weiterverarbeiten – etwa zu einem sommerlichen Drink.

Beerige Erfrischung: Für eine alkoholische Version einfach 4 cl Gin oder Rum hinzugeben

Die *Erdbeere* ist eigentlich eine Waldpflanze – entsprechend schätzt sie feuchte und humusreiche Böden

Um

1750

entstand in Frankreich die Urform der Gartenerdbeere

Jahren ausgetauscht werden. Wann es so weit ist, kann man selbst feststellen: Mit dem Alter werden die Erdbeeren kleiner, oft leicht krüppelig und schmecken zunehmend bitter und sauer. Die Ableger lassen sich selbst nachziehen, denn jede Pflanze bildet im Sommer an Ranken zahlreichen Nachwuchs. Um ein bisschen züchterisch tätig zu werden, empfiehlt es sich, bei der Ernte die Pflanzen mit den besten Früchten zu markieren. Deren Ableger kommen dann im August in die neue Reihe. Später sollte nicht gepflanzt werden, da die Blüten für das kommende Jahr bereits jetzt angelegt werden und eine Schwächung zu Ernteverlusten führt.

Himbeeren

Himbeeren sind – wie Erdbeeren – von Natur aus Waldpflanzen. Entsprechend mögen auch sie ein windgeschütztes Plätzchen und einen feuchten, humusreichen Boden. Den kann man einfach herstellen, indem die Pflanzen regelmäßig verrotteten Kompost auf die Füße bekommen. Wie alle Pflanzen können auch Himbeeren Krankheiten bekommen. Die wichtigsten entstehen durch Pilze und nennen sich Wurzelkrankheit und Rutenkrankheit. Bei letzterer platzt die Rinde an den Zweigen, die Blätter verdorren teilweise, und die Früchte vertrocknen. Sind die Wurzeln erkrankt, dann stirbt die ganze Pflanze ab. Gegen die Pilze hilft wenig, aber es gibt mittlerweile relativ resistente Sorten.

Oft wird zwischen Sommer- und Herbsthimbeeren unterschieden. Sommerhimbeeren wachsen an den Trieben des letzten Jahres. Dadurch können sie schon im Frühjahr Blüten tragen, und die Hecke wird besonders hoch. Nach der Ernte schneiden Beerenfreunde diese alten Triebe bodennah ab und lassen nur die neuen stehen. Herbsthimbeeren wachsen dagegen an den diesjährigen Sprossen. Diese brauchen länger, um Blüten zu bilden, weil sich der komplette Trieb erst neu entwickeln muss. Nach der Ernte werden alle Stängel abgeschnitten, sodass im Winter von der Hecke nichts mehr zu sehen ist.

Bis das Gewächs abermals austreibt und eine neue Beerensaison ankündigt. ●

Himbeeren gedeihen in einer Sommer- und einer Herbstvariante

VERMEHRUNG

Nachwuchs leicht gemacht

Beerensträucher kann man nie genug haben. Zum Glück lassen sich weitere Pflanzen über Stecklinge, Absenker oder Abrisse gewinnen

1. Stecklinge Einfach einen mindestens 20 Zentimeter langen Neuaustrieb (erkennt man an der etwas helleren Färbung des Holzes) abknipsen und zu zwei Dritteln in den Boden eingraben. Aus den Blattaugen sollten dann im Laufe der Zeit Wurzeln schlagen. Direkt im Anschluss die künftigen Sträucher mit Kompost umfüttern. Das hält sie schön feucht, erfüllt aber noch einen weiteren wichtigen Zweck: Es ist deutlich zu sehen, wo die winzigen Zweige im Boden stecken. So tritt niemand versehentlich drauf oder mäht sie über.

2. Absenker Für eine Vermehrung durch Absenker einen einjährigen Trieb nach unten biegen und mittels Haken oder Draht in einem kleinen Erdloch fixieren. An der Biegestelle, wo der Absenker den Boden berührt, alle Blätter entfernen. Um das Wurzelwachstum zu fördern, den Trieb unterhalb eines Blattknotens leicht einschneiden. Im Anschluss die Grube mit einem Erde-Sand-Kompost-Gemisch auffüllen und die Stelle markieren.

3. Abrisse Sind am Fuße des Strauchs neue Triebe mit bereits vorhandenen Wurzeln gewachsen, diese vorsichtig ausreißen und einpflanzen. Wichtig ist dabei, dass möglichst viele Wurzeln am Abriss verbleiben.

Simple Methode zur Strauchvermehrung: Haben sich bereits Ableger gebildet, lassen sich diese von der Mutterpflanze trennen

Die Arche

Privatgärten sind wichtige Biotope für den Artenschutz – wenn sie richtig gestaltet sind. Zehn Tipps für den naturnahen Umbau

Text: Jenny Niederstadt Fotomontagen: David Kern

Schmetterlinge und Wildbienen, Sandlaufkäfer und Tausendfüßler: Viele Gartenbesitzerinnen und -besitzer ahnen gar nicht, wie viele Tierarten sie in ihrem Grün beherbergen. Oder wie vielfältig die Flora dort sein kann, wenn die Natur nur ein wenig wuchern darf. So entdeckten Forschende aus Zürich zum Beispiel mehr als 2100 verschiedene Tier- und Pflanzenarten in den Gärten der Stadt. Acht Insektenarten konnten sie auf den Grundstücken sogar erstmals überhaupt in der Schweiz nachweisen.

Ähnlich erstaunliche Zahlen melden auch andere Länder: In Großbritannien etwa liefern die privaten Ziergärten der Städte 85 Prozent des Nektars für die dortigen Bestäuber, in Deutschland übertrifft die Pflanzenvielfalt in Kleingärten jene in öffentlichen Parks um das 40-Fache. Und weil Hobbygärtnerinnen und -gärtner hierzulande deutlich experimentierfreudiger sind als klassisch arbeitende Bauernhöfe, pflanzen sie in der Regel auch doppelt so viele Obst- und sogar dreimal so viele verschiedene Gemüsesorten an wie die konventionellen Betriebe.

Biologinnen und Naturschützer stellen zudem fest: Selbst wenn sie klein und isoliert liegen, können Gärten zum Erhalt der Artenvielfalt beitragen. Denn sie bieten ein Rückzugsgebiet für viele Tiere und Pflanzen, die anderswo zunehmend unter Druck geraten – sei es durch wachsende Siedlungen oder durch die industrielle Landwirtschaft.

Dieses enorme Potenzial entfaltet das private Grün am besten, wenn es naturnah gestaltet ist. Immer mehr Gartenbesitzerinnen und -besitzer verabschieden sich deshalb von englisch gemähtem Rasen und Kirschlorbeer. Stattdessen gestalten sie ihre Grundstücke im Sinne der Artenvielfalt um – was mit etwas Hintergrundwissen erstaunlich leicht gelingt. Hier sind zehn Tipps, damit sich Distelfink und Gichtwespe, Fledermaus und Zaunwickensandbiene auch in Ihrem Garten wohlfühlen.

1. Vielfalt planen

Um möglichst vielen unterschiedlichen Arten eine Heimat zu bieten, sollten Gärten vor allem abwechslungsreich gestaltet sein. Je nach Lage und Bodenbeschaffenheit sind Standorte mit ganz unterschiedlichem Charakter denkbar, etwa blütenreiche Wiesen und Trockenmauern, Rückzugsorte im Schatten und vollsonnige Flächen oder Hecken voller Früchte und Beete mit besonders reichhaltiger Erde. Wer nicht seinen gesamten Garten neu gestalten will, legt lediglich ein paar wilde Ecken an, in denen die Natur das Regiment übernehmen darf. Sogar ein paar ergänzte Topfpflanzen erhöhen die Biodiversität des Gartens schon merklich und locken zum Beispiel bestimmte Insekten an. Generell gilt: Chemische Dünger, Unkrautvernichter und Pestizide verbieten sich im naturnahen Garten, genauso Erde mit Torf. Hilfreiche Tipps zur Planung, zum Umbau und zur Pflanzenauswahl gibt der Verein Naturgarten: *www.naturgarten.org.*

Mehr als

2100

Tier- und Pflanzenarten entdeckten Forscher in Züricher Gärten

2. Heimische Arten pflanzen

Zwar eignen sich auch viele exotische Pflanzen als Nahrungsquelle für Vögel und Insekten. Heimische Arten aber ernähren sie am zuverlässigsten. Hecken aus Thuja oder Forsythie dagegen gleichen Nahrungswüsten. Auch Überzüchtungen, etwa Blumen mit gefüllten Blüten, sind ungünstig: Sie bieten Insekten keine Pollen, und die Fülle der Blütenblätter versperrt den Weg zum Nektar. Empfehlenswert sind dagegen regional angepasste Saatgutmischungen, Anbieter unter *www.tausende-gaerten.de.*

3. Steingarten in Betracht ziehen

Als „Garten des Grauens“ ist er in Verruf geraten: der Steingarten. Doch biologische Ödnis herrscht nur in tristen Schottergärten, wo die Steinchen als Rasenersatz dienen und – auf Abdeckfolie geschüttet – weite Flächen belegen. Richtig angelegt und vor allem bepflanzt sind Steingärten dagegen ein wertvolles Rückzugsgebiet für zahlreiche Tier- und Pflanzenarten, meist aus dem alpinen Raum. Eidechsen etwa fühlen sich in Trockenmauern wohl, auch Insekten schlüpfen gerne in die Nischen dort.

Bei der Anlage eines solchen Gartens sollten nur Steine aus der Region genutzt werden, bei der Auswahl geeigneter Pflanzen, ➻

Berberitze

etwa Mauerpfeffer, Fetthenne und Sonnenröschen, helfen Gärtnereien weiter.

4. Hecken errichten

Viele Gärtnerinnen und Gärtner sehen in Sträuchern lediglich eine grüne Alternative zum Zaun. Dabei sind Hecken ein wichtiger Lebensraum für zahlreiche Vögel. Tragen die Sträucher zum Beispiel Früchte, dienen ihnen diese als Nahrung, dürfen die Pflanzen hoch genug wachsen, können die Tiere darin versteckte Nester bauen, tragen die Zweige auch noch Stacheln, sind Küken gut geschützt vor Katzen oder anderen kleinen Räubern.

Besonders wertvoll werden Hecken für Vögel und Insekten, wenn sie aus verschiedenen Sträuchern zusammengesetzt werden, etwa Pfaffenhütchen, Schlehe und Berberitze. Sie sollten außerdem so selten wir möglich beschnitten werden, damit sie Früchte und Samen ausbilden können – so finden Tiere das ganze Jahr über Nahrung. Tipps zur Auswahl geeigneter Sträucher gibt die Vogelschutzhilfe: *wp.wildvogelhilfe.org*.

5. Nistkästen aufhängen

Meise, Star, Kleiber, Zaunkönig: Wer auch Höhlenbrüter in seinen Garten locken will, bietet spezielle Nisthilfen an. Naturschutzorganisationen verkaufen artgerechte Modelle oder liefern online Bauanleitungen (zum Beispiel unter *www.nabu.de*). Damit die Tiere sich dort wohlfühlen, sollte der Standort klug gewählt sein: Die Nistkästen sollten in einem ruhigen Teil des Gartens und hoch genug hängen, dass Fressfeinde sie nicht erreichen. Gleichzeitig sollten sie den Vögeln einen guten Überblick bieten, damit sie zum Beispiel Marder rechtzeitig entdecken. Hauskatzen sollten während der Brutzeit (Mitte Mai bis Mitte Juli) nicht unbeaufsichtigt in den Garten gelassen werden.

6. Unterschlupf für Insekten schaffen

Insektenhotels hat mittlerweile jeder Baumarkt im Programm. Sie bieten Nischen und Röhren, in die sich Kleinsttiere zurückziehen können. Doch Billigmodelle sind häufig wenig artgerecht: Die Bruthöhlen sind zu groß oder falsch ausgerichtet, oft ist auch ihr Holz chemisch behandelt und deshalb schädlich für Insekten. Besser ist es also, Insektenhotels selbst zu bauen (Anleitungen zum Beispiel unter *www.lbv.de*). Wichtig zu wissen: Selbst diese Nisthilfen werden nur von wenigen Insekten angenommen. Hilfreicher sind Totholz, Reisighaufen und Sandflächen für Bodennister.

7. Gartenteich anlegen

Wer genug Platz hat, kann in seinem Garten auch ein Refugium für wasserliebende Arten schaffen: Ein kleiner Teich lockt Kröten, Libellen und feuchtigkeitsliebende Pflanzen, mit flachem Rand dient er auch als Tränke für Igel und Vögel. Sumpfige Zonen bieten zudem Platz für Schachbrettblume und Blutweiderich. Als Alternative für kleine Gärten bieten sich Miniteiche an: Niedrige Fässer, Tröge oder auch alte Zinkbadewannen werden dafür mit Steinen und Pflanzkörben bestückt. Wichtig sind hier schräg platzierte Bretter – als Ausstiegshilfe für versehentlich ins Wasser geratene Tiere.

Rund

40

-mal mehr Arten als in Parks leben hierzulande in Gärten

8. Für Unordnung sorgen

Natürlich will, wer einen Garten hat, das Grundstück schön gestalten. Trotzdem empfiehlt es sich aus Sicht des Naturschutzes, auch ein paar Schmuddelecken einzuplanen. Areale also, in denen Gartenabfälle und Laubhaufen lagern, alte Baumstümpfe langsam verrotten dürfen und Brennnesseln wuchern. Diese Wildzonen sind Paradiese für zahlreiche Arten: Die Nesseln etwa nähren Schmetterlingslarven, Totholz lockt zahlreiche Käfer und andere Krabbler, zwischen nicht genutzten Pflanztöpfen verstecken sich Spinnen und Asseln. Und unter Laubhaufen fühlen sich Igel wohl: Für sie können Gartenbesitzerinnen und -besitzer auch spezielle Bauten kaufen, Montageanleitungen für den Eigenbau lassen sich im Internet finden (zum Beispiel unter *www.igel-in-bayern.de*).

Auch der Herbstputz sollte so weit wie möglich entfallen: Werden die Gartenpflanzen am Ende der Saison nicht zurückgeschnitten, ernähren sich Tiere den Winter über von ihren Samen und Früchten oder nutzen Blätter und stehen gebliebene Halme und Zweige zum Bau von Höhlen. Besser erst im Frühjahr aufräumen – und selbst dabei empfiehlt sich der vorsichtige Blick unter Laubhaufen und Holzstapel, um mögliche Untermieter rechtzeitig zu entdecken.

9. Auch die Spezialisten der Nacht bedenken

Viele Blumen schließen abends ihre Blütenkelche. Nachtfalter ➺

finden deshalb bei ihnen keine Nahrung. Wer gezielt Nachtblüher setzt, etwa Rote Lichtnelke, Nachtkerze und Seifenkraut, lockt die nachtaktiven Schmetterlinge in seinen Garten. Und sorgt so auch für die Jäger im Dunkeln, die Fledermäuse. Wer diese Tiere gezielt unterstützen will, bringt einen Fledermauskasten an. Eine Bauanleitung sowie Infos über geeignete Pflanzenarten liefert der Nabu: *www.nabu.de*.

Mehr als
30000
Insektenarten leben in Deutschland

10. Auf überflüssige Technik verzichten

Wiesen im naturnahen Garten sollten so selten wie möglich gemäht werden. Oft reicht es, die Laufwege kurz zu halten, die Halme rechts und links davon aber wachsen zu lassen – sie sind ein Paradies für Blindschleichen, Raupen und Wildbienen. Ist ein Kürzen aber unumgänglich, nehmen Sie einen handbetriebene Rasenmäher. Die immer beliebter werdenden Mähroboter können Igel, Spinnen und Eidechsen verletzen. Auch wer in seinem Garten elektrische Rasentrimmer, Laubpuster und -sauger nutzt, setzt kleinen Tieren wie Käfern, Asseln und Tausendfüßlern stark zu, mitunter werden aber auch größere Arten, etwa Amphibien, verstümmelt oder aufgesaugt. Besser sind traditionelle Geräte wie Rechen, Besen und Feldhacke. Und auch auf unnötige Beleuchtung sollte im naturnahen Garten verzichtet werden. Denn Lichtquellen sind oft tödliche Fallen für Insekten, außerdem stören sie Zugvögel und bringen die innere Uhr von Pflanzen und Tieren aus dem Takt. Ist die Beleuchtung unverzichtbar, wählen Sie warmes Licht, wenn möglich kombiniert mit einem Bewegungsmelder.

So wird der Garten zur grünen Oase, nicht nur für seine Besitzerinnen und Besizer, sondern auch für zahlreiche Tiere und Pflanzen. Oft reichen schon wenige Handgriffe, damit ein wertvolles Biotop entsteht – für zart leuchtende Gewächse und schillernde Libellen, verdrängte Spezialisten oder seltene Arten. Wichtig ist beim Umbau vor allem eins: einfach loszulegen. Denn jeder Quadratmeter hilft. ●

Vor sechs Jahren bezog Meike Winnemuth ihren Garten: »Ich hatte nur eine vage Ahnung, was ich dort suchte, und keine Vorstellung, was ich finden würde«

AUF MEINEM MIST GEWACHSEN

Autorin Meike Winnemuth hat einen großen Garten angelegt und war überzeugt: »Mein Wille geschehe!« Dann kam die demütige Erkenntnis: Natur lässt sich nicht zwingen. Aber lieben

Text: Meike Winnemuth Fotos: Felix Amsel

E

Es beginnt wie immer klein, klitzeklein. Das Erste, was ich im Spätwinter aussäe, noch in der Ofenwärme des Hauses, sind Tomaten. Ein Tomatensamen wiegt etwa drei Milligramm, er ist so groß wie ein kleines o in diesem Text und ebenso flüchtig, die Aussaat ist also reinste Feinmechanik: Das Samentütchen mit Chirurgenhänden öffnen, ein o nach dem anderen mit einer angefeuchteten Bleistiftspitze in eine Schale mit Anzuchterde tupfen, etwas Erde darüberstreuseln, sachte andrücken, Schale mit einer nebelfeinen Dusche befeuchten und wieder zu atmen beginnen.

In einem Tütchen befinden sich meist auch nur 0,030 Gramm, zehn Korn für zehn Tomatenpflanzen, o o o o o o o o o o, die je nach Sorte rund drei Euro kosten. Das ist ein fantastisches Investment, selbst wenn man bedenkt, dass ein Gramm Feingold derzeit 50 Euro kostet und ein Gramm Tomatensamen 100 Euro, man also billiger davonkäme, wenn man ein paar Goldbarren in der Erde vergrübe.

Doch Gold bleibt lediglich, was es ist. Bei Tomaten hingegen wächst, wenn alles gut geht, aus jedem o eine Pflanze von locker zwei Meter Höhe, die im Hochsommer Kaskaden roter, schwarzer oder gelbgrün gestreifter Früchte tragen wird, jede einzelne davon einige zehntausend Mal so schwer wie der kleine Samen vom Anfang und im Fall der „Cuore di bue", der mächtigen Ochsenherztomate, sogar mehr als zweihunderttausendmal so schwer – die größten Früchte wiegen ein Pfund und sind alles Gold dieser Welt wert.

Vielleicht aber auch nicht für jede und jeden.

Ich bin schon oft von nicht gärtnernden Freunden gefragt worden, warum ich mir das antue: Jahr um Jahr dieselbe Fron aus Hacken und Hauen, Schaufeln und Schnaufen, dasselbe Bangen um Gedeih und Verderb. Die Frage ist berechtigt, ich stelle sie mir häufig selbst. Warum gieße ich vier Monate lang jeden Morgen dreißig Kübel mit Tomaten, geize sie aus, binde sie hoch, mulche sie mit Seetang, singe ihnen was vor, massiere ihre Blättchen? Wieso schleppe ich als willige Sklavin meiner versoffenen Diven in heißen Sommern abends noch mal zwanzig Gießkannen mit wohltemperiertem Regenwasser heran, ohne je sicher zu sein, ob mir nicht auf die letzten Meter Blütenendfäule, Grünkragen oder Verticillium-Welke die Ernte verhageln?

Was im Frühjahr mit winzigen Samen beginnt, nimmt zum Ende des Sommers Form an

Was soll dieser ganze Quatsch, wenn ein Pfund halbwegs brauchbarer Cherrytomaten im Supermarkt zwei Euro kostet? Wenn man keine rationalen Gründe findet, bleibt immer noch eine Antwort: Liebe, und sei es unerwiderte, verbunden mit dem Grundrecht auf Sinnlosigkeit genügt in der Regel, um auch seltsamste Lebensentscheidungen zu rechtfertigen.

Doch im Garten hat die Sinnlosigkeit tatsächlich mal einen Sinn. Gärtnern ist ein Akt der Zuversicht. Was immer man in die Erde senkt: Man pflanzt das Morgen. Die Zukunft ist im Garten stets gegenwärtig, man hält sie ja schon heute in Händen, in Form eines Samens oder eines kleinen Setzlings. Ich gärtnere, weil ich etwas Greif- und Genießbares herstelle, das absolut unbezahlbar ist – im Wortsinn, denn das Ergebnis wird auf keinem Markt der Welt je zu kaufen sein.

Kommerzieller Anbau erfolgt nach knochentrockenen Kriterien: Lager- und Transportfähigkeit, homogenes Aussehen, zeitgleiche Reifung für die mechanisierte Ernte. Auf ungefähr Platz sechs auf dieser Liste steht der Geschmack – für mich als Gärtnerin das Einzige, was zählt, denn der Transportweg vom Busch auf den Teller beträgt bei mir acht Meter, und geerntet wird, wann immer was reif ist und ich hungrig bin. Die köstlichsten, süßesten, sonnenwärmsten, tomatigsten Tomaten wie „Berner Rose", „Tschernij Prinz" oder „Harzfeuer" wach- ➻

Foxterrier Fiete mit einem Bruchteil der vorhandenen Gießkannen: Viele Pflanzen mögen am liebsten abgestandenes Wasser

Was immer man in die Erde senkt, man »pflanzt das Morgen«

Gärtnerische Demut: In angemessener Haltung – auf Knien – hockt Autorin Meike Winnemuth vor Storchschnabel und Blutweiderich (violett)

sen im eigenen Garten und nur dort, ebenso die erdbeerigsten unter den Erdbeeren, „Mara de Bois" und „Mieze Schindler" – hochempfindlich und deshalb kommerziell untauglich, doch derartig intensiv im Geschmack, dass man danach für alles andere verloren ist.

Jawohl, es ist Liebesmüh, sich solche Genüsse zu verschaffen, keine Frage, und es sagt viel über unsere Zeit, dass dieses schöne Wort automatisch an das Adjektiv „vergeblich" gekoppelt wird. Denn genau das ist Liebesmüh nahezu nie und Gärtnern sowieso nicht. Die eigenen Tomaten zu produzieren, und zwar von Anfang bis Ende, von Saat bis Salat, das klingt erst einmal piefig klein, ist aber tatsächlich die große Ausnahme in dieser fragmentierten, arbeitsteiligen Welt, in der man meistens nur winzige virtuelle Schräubchen zu drehen scheint an Projekten, die man den eigenen Großeltern niemals erklären könnte und die, wie sich in diesen Zeiten allzu schmerzhaft zeigt, kein bisschen systemrelevant sind. Ist es da ein Wunder, dass etwas so Archaisches, Prädigitales, Präglobalisiertes wie Gärtnern plötzlich so viele Sehnsüchte zu stillen scheint? Die könnten simpler nicht sein: Boden unter den Füßen finden, und zwar einen, den man selbst dorthin geschaufelt hat. Abends wissen, was man getan hat. Lebendigkeit spüren, die eigene ebenso wie die der Natur – Bedürfnisse, die man lange Zeit weder als solche registriert noch gar ernst genommen hätte.

A

Als ich vor sechs Jahren meinen Garten bezog, den ersten meines Lebens, hatte ich nur eine vage Ahnung, was ich dort suchte, und keinerlei Vorstellung, was ich finden würde. Einen Ort zum Bleiben hatte ich mir gewünscht, einen, an dem ich mich erden und verwurzeln könnte – was man halt so an Vokabeln zückt, wenn man sich mit sehr viel Enthusiasmus und sehr wenig Wissen auf Terra incognita stürzt.

Die Regenwürmer tun mehr fürs Wohlergehen meines Gartens als ich

Erste Erkenntnis: Die Natur liebt Idioten wie mich. Wenn man sich an ein paar Grundregeln hält, hat man schon gewonnen: Loch graben, Pflanze rein, Wasser drauf, fertig. Klappt in 90 Prozent aller Fälle. Und führt dazu, dass man binnen Kurzem den Schritt von Ogottogott zu Gott vollzieht: Mein Reich, mein Wille geschehe – und, hey, es funktioniert tatsächlich!

Es gab nicht wenige Tage, an denen ich morgens noch im Pyjama triumphierend durch meine Schöpfung schritt und sah, es war sehr gut. Das erste Radieschen nach sechs Wochen, unter hysterischem Gelächter mit Stumpf und Stiel und allem Dreck dran in den Mund gestopft: Das habe ICH gemacht!

Dieser latente Größenwahn der frühen Tage wurde vom Garten schnell zurechtgestutzt. Ganz beherrschbar ist die Natur selbst in ihrer domestizierten Form nicht, wie jeder Hundebesitzer weiß, der je den Satz „Das macht er sonst nie" ausgesprochen hat. Ein paar biblische Plagen kommen unter Garantie des Weges – Nacktschnecken, Rüsselkäfer, Kohlweißlingsraupen, Dürre, Stürme –, aber die meisten Dinge gehen schief, weil man sich so unfassbar menschlich verhält, nämlich glaubt, über alle Naturgesetze erhaben zu sein. Ich habe wärmeliebende Kräuter aus Platzgründen in den Schatten gepflanzt und Karotten aus Gier zu eng gesät – tja. Nicht, was man selbst im Garten haben will, zählt, sondern das, was der Garten im Garten haben will: wie viele Stunden die Sonne hier scheint, welche Erde man eigentlich hat. Um das herauszufinden, habe ich auf Empfehlung eines Gartenratgebers sogar auf einer Bodenprobe herumgekaut. Knirscht es, hat man lehmigen Ton, ist es butterartig, hat man Ton. (Es war lehmiger Ton, ich habe passend dazu mit einem torfigen Single Malt Whisky nachgespült.)

Das Wunderbare am Garten ist nun: Es ist völlig egal, ob man's hinkriegt. Die Freiheit des Gärtnerns ist auch die Freiheit vom Perfektionswahn, der sich ansonsten in jeden Lebensbereich gefressen hat. Im Garten darf ich ungestraft aus reiner Liebe handeln, ich darf Amateur sein, Dilettant: jemand, der etwas zum eigenen Vergnügen tut, und das nicht mal notwendigerweise gut. Es müsste auch mal genügen, schrieb der New Yorker Juraprofessor Tim Wu in seinem entzückenden Essay „Lob der Mittelmäßigkeit" in der „New York Times", etwas einfach nur mögen zu dürfen, ohne es beherrschen zu müssen.

Und da wären wir auch schon bei der Essenz der Liebe. In den vergangenen Jahren habe ich im Garten alle ihre Spielarten durchlebt: Mit Zärtlichkeit streichle ich jeden Morgen über die Tomatensämlinge (soll man, es stärkt sie), mit mütterlicher Sorge laufe ich bei drohendem Frosteinbruch nachts hinaus, um Vlies über das Junggemüse zu decken, mit alttestamentarischem Zorn morde ich Spanische Wegschnecken, die ihrerseits meinen Salat niedermetzeln. Auge um Auge, ihr Arschlöcher!

Wer ins Dorf zieht, wird Teil einer Gemeinschaft – und lässt sich auf ein Experiment ein

S

Stille Freude über die Schönheit des blühenden Fenchels, ergriffenes Staunen über den Einfallsreichtum der Natur (Artischocken! Wie ist sie nur darauf gekommen?), kindischer Stolz angesichts der reichen Kartoffelernte, Trauer um die lieben Verblichenen (das arme Pfirsichbäumchen mit der Kräuselkrankheit) – nirgends wurde ich jemals von so vielen Emotionen geflutet wie in meinem Garten, und sie alle sind, das ist ja das Spektakuläre, höchstpersönlich von mir hergestellt. Jedes einzelne Gefühl ist auf meinem Mist gewachsen, gedüngt von Schweiß und Tränen. Und Herzblut, dem vor allem.

Es ist April, die Tomaten sind inzwischen fünf Zentimeter hohe Sämlinge mit flaumigen Stängeln und zartem Duft, aber sie sind immer noch ein wenig schwach auf der Brust. Gestern Abend habe ich ihnen auf dem Sofa aus altem Zeitungspapier verrottbare Pflanztöpfchen gebastelt, in denen sie die nächsten Wochen im Haus weiterwachsen dürfen, draußen ist es noch zu kalt.

Andere Halbstarke sind längst draußen zum Spielen. Saubohnen und Radieschen, Wilde Rauke und Brauner Senf wachsen unter einer warmen Decke aus Kompost, den ich Schubkarre für Schubkarre auf die Beete geschaufelt habe, knapp drei Tonnen, eine elende Plackerei. Doch gerade solche sturzlangweiligen Arbeiten finde ich bei all der Schufterei enorm erholsam. Es ist pures Monotasking: Hier ist die Erde, da muss sie hin, mehr wird heute nicht von mir verlangt. Herrlich!

Wir sind inzwischen im zweiten der drei Frühlinge angelangt. Denn im Paralleluniversum von uns Gärtnern gibt es zehn Jahreszeiten: Vorfrühling, Erstfrühling, Vollfrühling, danach Früh-, Hoch- und Spätsommer, Früh-, Voll- und Spätherbst, schließlich Winter – nichts davon mit kalendarisch festem Anfang und Ende, sondern abhängig von Wetter und Klima.

Die Schneeglöckchen beginnen mal im späten Januar, mal im März mit ihrem Job, das ändert sich von Jahr zu Jahr, und ich tue es ihnen gleich. Morgens geht mein erster Blick zum Himmel: Was ist heute möglich, welche Arbeit ließe sich erledigen? Man tut, was man kann, da draußen hängt keine Stechuhr.

Wenn man zu gärtnern beginnt, hat man die Ungeduld eines Kindes. Ist schon was zu sehen? Wieso braucht das so lange? Das wird ja doch nichts, raus damit, was Neues muss her! Bald aber ist klar: Das Gras wächst nicht schneller, wenn man dran zieht. Und wir Bewohner des Tastendruckzeitalters, gedrillt auf Effizienz, gewohnt an *instant gratification,* lernen die wichtigste Lektion des Gärtnerns: Geduld. ➻

Ihr Garten ist der erste Ort, an dem Meike Winnemuth Wurzeln schlagen möchte. Seinem Entstehen widmete sie ein Buch: „Bin im Garten"

Wir Gärtner sind Optimisten aus Prinzip und aus Erfahrung. Wird schon!

Mangold ist nicht nur lecker, findet die Autorin, sondern aufgrund der bunten Stiele auch ein Augenschmaus. Vor dem Haus ranken die Tomaten

Es stimmt schon, der Garten ist ein Ort von beruhigender Kontinuität, die Natur spult ungerührt und verlässlich ihr Programm ab wie seit Jahrmillionen, disruptiv ist hier wenig, und das gibt Halt, gerade in unsicheren Zeiten.

Andererseits wird man Zeuge unaufhaltsamer Veränderung: Jeden Morgen betrete ich eine neue Welt hinter dem Haus, die heute schon wieder etwas anders aussieht als gestern. Hier hat sich ein Blatt entrollt, dort ist eine Bohnenranke in die Höhe geschossen, quadratzentimeterweise entfaltet sich das Jahr, es kommt und geht in einem Schritt, oft schneller, als einem lieb ist.

M

„Magst du dieses Jahr wieder Tomaten von mir haben?“- „Gern. Und du? Ein paar Lenzrosen?“ - „Ja!“

Wir stehen am Zaun und tauschen, wovon jeder reichlich hat. Von Edeltraut die Lenzrosen, von der 90-jährigen Frau Schröder Fransenmohn, von mir die Tomatenpflanzen, die jetzt zu blühen beginnen. Wie sehr das Gärtnern verbindet, war eine der größten Überraschungen für mich.

Ich hatte es mir früher immer als ein weltabgewandtes Kreisen um die eigene Scholle vorgestellt, jeder für sich, eingeknastet vom eigenen Lattenzaun. Nein, im Gegenteil: Wir tauschen Rat und Tat, Werkzeug und Ableger, Bewunderung und Mitgefühl. So erlebe ich das auch auf Pflanzenmärkten, in Online-Foren oder bei Tagen der offenen Gartenpforte: Liebe - Dilettantentum! - verbindet über alle Grenzen hinweg.

Das Teilen ist Grundgesetz im Garten. Auch das Teilen mit null- bis achtbeinigen Mitbewohnern von der Blindschleiche bis zur Kreuzspinne. Wenn niemand deinen Garten aufessen will, taugt er nichts, wie es heißt. Mein Garten ist ein kaltes Büfett für Wildbienen, Hummeln, Schwebfliegen, Tagpfauenaugen, eine marodierende Spatzenbande und einen Maulwurf, ganz zu schweigen vom Bodenpersonal: den Würmern, Asseln, Mikroorganismen.

Man sitzt, ob man will oder nicht (und man sollte es wollen), inmitten eines Ökotops, in dem wir Gärtner nur eine und nicht mal die wichtigste Rolle spielen - ich bin überzeugt, meine Regenwürmer tun mehr fürs Wohl meines Gartens als ich. Wobei: Allein schon „mein Garten“ zu sagen ist ein schöner Irrtum. Der Garten gehört mir nur vorübergehend, es gab ihn schon vor mir, und es wird ihn hoffentlich noch lange nach mir geben. Die Eiben vor dem Haus und die Rhododendronhecke, die Ende Mai wie ein japanisches Feuerwerk blüht, hat mein Vorgänger Walter vor 50 Jahren gepflanzt, ihre Pracht hat er nicht mehr erleben dürfen.

Wer gärtnert, weiß: Jedes Gewächs nimmt sich seine eigene Zeit. In der Natur verlieren Zahlen und Daten ihre absolute Gültigkeit

Umgekehrt werden von der Haselnuss „Wunder aus Bollweiler“, die ich im Winter gesetzt habe, erst meine Nachfolger so richtig profitieren.

C

„Cathedral thinking“ nennen das die Briten, das Denken in großen Zeiträumen: Man baut an einem großen Werk mit, dessen Vollendung man niemals erleben wird - kein Grund, die Arbeit ruhen zu lassen. Denn die Erfüllung liegt im Tun. Und im Staunen über dieses Perpetuum mobile aus Wachsen und Werden auf dem Humus des Gewesenen.

Im Garten regieren Glaube, Liebe Hoffnung, diese drei. Nichts hat mich so froh nach vorn blicken lassen wie Gartenarbeit. Mach einfach. Wird schon. Wir Gärtner sind Optimisten, aus Prinzip und aus Erfahrung. Gärtnern ist eine Tätigkeit voll Vertrauen, dass es weitergeht und dass man dafür sorgen kann.

Das winzige o des Tomatensamens ist zu einem Busch geworden, der bis in den Herbst hinein eine duftende Rispe nach der anderen ans Licht geschoben haben wird; aus den letzten Früchten werden im Oktober die Samen für das nächste Jahr gesammelt, getrocknet und in Pergamenttütchen zu ihren Geschwistern gepackt.

Die fein gemaserten Bohnenkerne, die pechschwarzen Schnittlauchsamen, sie alle tragen ein Versprechen in sich, jedes Jahr aufs Neue und immer wieder gleich: In ein paar Monaten ist wieder Frühling, dann Sommer, und der Garten wird dich wieder nähren, darauf kannst du dich verlassen.

Egal was in der Welt da draußen gerade los ist. ●

Manche Pflanzen brauchen Halt zum Klettern

Bau dir ein *Rank-Tipi*

Am besten sollte man gut getrocknete Stangen verwenden

An der Basis jeder senkrechten Stange des Tipis möglichst ein Klettergewächs einpflanzen (weitere Anleitungen in »Samenwunder« von Sophie Collins und Melissa Mabbitt, siehe Seite 114)

Das brauchen Sie:

* 5 bis 7 Stangen aus Hasel- oder Weidenholz, mindestens 2 cm im Durchmesser
* 10 bis 12 biegsame Hasel- oder Weidenruten, Durchmesser 1 cm oder dünner
* Bindedraht

Nutzen: *Um ihr Potenzial entfalten zu können, brauchen* ***rankende Pflanzen*** *die Möglichkeit zum Klettern. Selbst gebaute* ***Rankhilfen*** *sehen gut aus, haben einen rustikalen Charme und können genau so ausfallen, wie die jeweiligen Pflanzen es brauchen.*

Bis zu
30
Meter kann Efeu emporranken

Schritt 1 Die senkrechten Stangen kreisförmig in den Boden stecken, dann die Konstruktion an der Spitze zusammenbinden

Schritt 2 Einige der dünneren Ruten nehmen und diese um die Basis der senkrechten Stangen kreisförmig herumflechten

Schritt 3 Die Felchtarbeiten etwa auf halber Höhe des Tipis wiederholen – so lange, bis sich die Konstruktion stabil anfühlt

Ökobilanz:

100

Prozent bio gibt es nur im eigenen Beet

Wohllebens Welt **Dossier**

Ab ins *Beet!*

Ob Anfänger bei der Gemüsezucht oder Pflanzenliebhaber mit langer Erfahrung: Wer Beete anlegt, schafft sich einen kleinen Kosmos voller Schätze. Eine Anleitung mit Erfolgsgarantie

Texte: Jenny Niederstadt

1. Schritt
Vorbereitung

Je dunkler der Grund, desto mehr Humus enthält er. Ein Garant für gesunde Pflanzen

Die meisten Pflanzen mögen einen lehmig-sandigen Boden. Bei Bedarf sollte aufgewertet werden

Bodenprobe

Lage und Bodenqualität prüfen

Vor dem Pflanzen gilt es, die Lage des geplanten Beetes genau einzuschätzen: Scheint überwiegend die Sonne darauf, oder fällt die Hälfte des Tages Schatten auf das Areal? Pfeift der Wind hier besonders rau, oder heizt sich die Fläche im Sommer stark auf, etwa durch umliegende Hauswände? ***Für all diese Standorte lassen sich in Gärtnereien geeignete Pflanzen finden.*** Fingerhut und Storchschnabel etwa gedeihen gerade im Halbschatten gut, Schafgarbe und Steinbrech trotzen jedem Wind. Wer dagegen ungeeignete Sorten ins Beet setzt, wird wenig Freude haben: Die Pflanzen mickern dann, blühen nicht oder gehen ein.

Auch die Qualität des Bodens entscheidet mit über den Pflanzerfolg. Grob gesagt lässt sich Gar-

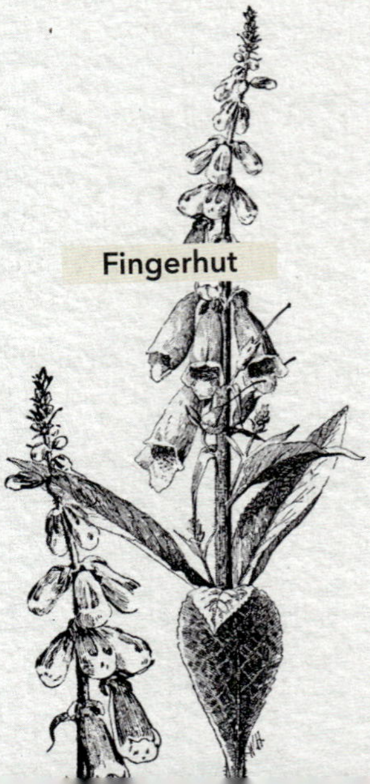
Fingerhut

tenerde in drei Arten unterteilen: ***sandig, lehmig und tonreich.*** Ideal für die meisten Pflanzen ist eine sandig-lehmige Mischung. Neigt die Erde dagegen zu einem Extrem, sollte sie mithilfe von Sand, Humus oder Ton aufgewertet werden. Einige Spezialisten wie Katzenminze, Islandmohn und Lavendel kommen aber auch mit sandigen Böden gut zurecht, Rosen dagegen schätzen lehmigen Grund.

Zu saure Böden mögen Spinat, Melonen und Co gar nicht gern

Wer Gemüse pflanzen will, sollte zudem den ***pH-Wert seines Beetes prüfen.*** Dazu gibt es einfache Test-Sets. Damit sich Lauch, Kohlrabi und Co wohlfühlen, sollte der pH-Wert zwischen 5,5 und 7 liegen. Bei abweichenden Werten hilft Düngekalk. Zu Beginn der Saison muss dann nur noch Kompost als Nahrung für die jungen Pflanzen eingearbeitet werden – und das Gartenjahr kann starten.

☛ Pflanzen passend kombinieren

Die Auswahl der Sorten für ein Blumenbeet erfolgt ganz nach dem eigenen Geschmack: Solange die Möglichkeiten des Standorts berücksichtigt werden, sind der Fantasie der Gärtner*innen keine Grenzen gesetzt. Wer allerdings die Artenvielfalt fördern will, sollte bevorzugt ***heimische Pflanzen*** wählen – sie ernähren Insekten und Vögel am zuverlässigsten (siehe auch „Die Arche", ab Seite 48).

Außerdem empfiehlt es sich, auf eine gute Mischung der Blühperioden zu achten – so leuchten farbenfrohe Blüten vom Frühjahr bis tief hinein in den Spätherbst.

Unverzichtbar ist die Planung dagegen beim Gemüsebeet, denn einige Arten vertragen einander nicht, zum Beispiel Gurken und Tomaten oder Petersilie und Salat. Andere Kombinationen dagegen

Mit der richtigen *Planung* wirft das Beet die gesamte Saison über Ernte ab

Spinat

Möhre

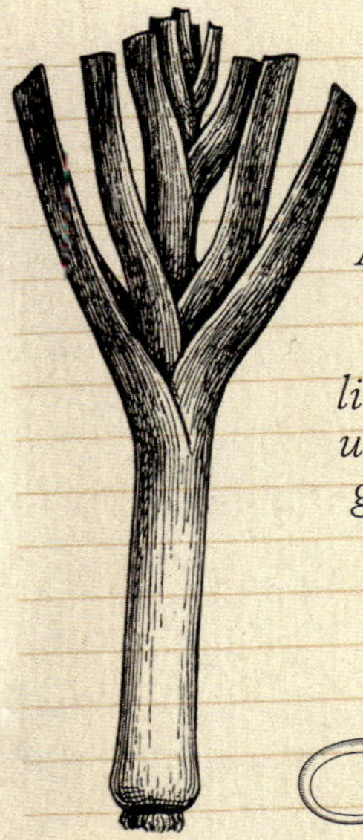

Auch beim Wasserbedarf liegen Lauch und Möhren gleichauf – ideale Partner!

Smarte Kombination: Wer Möhren und Lauch nebeneinandersetzt, hat weniger Last mit Schädlingen

Andere Gewächse vertragen sich nicht so gut: Tomaten etwa sollte man nicht neben Gurken pflanzen

profitieren von einer Doppelpflanzung: Möhren und Lauch etwa vertreiben einander Schädlinge.

Auch der Hunger nach Nährstoffen unterscheidet sich zwischen den Gemüsesorten stark. Damit der Boden des Beetes nicht ausgelaugt wird, sollten Gärtner*innen deshalb auf einen regelmäßigen Wechsel zwischen sogenannten ***Stark-, Mittel- und Schwachzehrern*** achten. Die jeweiligen Pflanzen können sich jährlich ablösen oder sogar innerhalb einer Saison: Den Anfang könnte zum Beispiel im Frühling frisch gesäter Spinat (Mittelzehrer) machen. Wer kurz drauf Kartoffeln (Starkzehrer) setzt, kann diese im Sommer ernten und sogar noch vorgezogenen Kohlrabi (Mittelzehrer) pflanzen. So lassen sich ***zwei bis drei Kilo Gemüse pro Quadratmeter*** ernten.

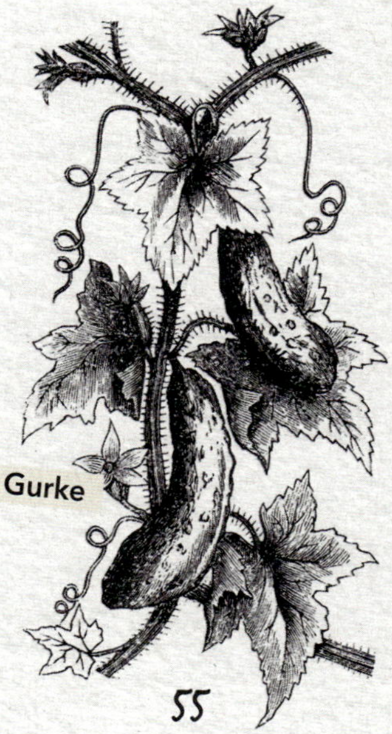

Gurke

3. Schritt
Pflanzung

Etwa
25
Zentimeter hoch sind die Schichten

Schichtaufbau im Hochbeet
(1) Äste, Zweige oder Holzhäcksel
(2) Umgedrehte Rasensoden, Laub oder Rasenschnitt
(3) Halb reifer Kompost und eventuell halb verrotteter Mist
(4) Hochwertige Gartenerde und reifer Kompost

Die verschiedenen Schichten fördern die Bildung von Humus, ein Hasendraht im unteren Teil dient als Schutz vor Wühlmäusen

Hügelbeet

☛ Sorten richtig setzen

Los geht's! Ist der Boden vorbereitet, sind die Sorten ausgewählt, geht es ans Pflanzen. Ins Blumenbeet können dabei sowohl mehrjährige Stauden als auch Saisonblumen gesetzt werden. Wichtig ist aber, die ***empfohlenen Pflanzabstände*** zu beachten, sonst kommen die Gewächse einander später in die Quere.

Für das Gemüsebeet bieten sich unterschiedliche Formen an:

Klassisches Bodenbeet: meist 1,20 Meter breit, damit die Pflanzen für Beetarbeiten noch gut erreichbar sind. Einfassungen aus Stein halten Schädlinge und Unkräuter in Schach. Eine Schnur, an zwei Holzpflöcke gespannt, hilft dabei, gerade Pflanzreihen zu ziehen.

Hochbeet: die rückenschonende Alternative, gleichzeitig haben es

Ob Boden-, Hoch-, Hügel- oder Kraterbeet: Jeder *Typ* hat eigene Vorzüge

Schnecken schwerer, an Früchte, Blüten und Blätter zu gelangen. Weil die Sonne zudem auch die Außenseiten des Beetes wärmt, wachsen Pflanzen darin schneller.

Hügelbeet: nutzt Gartenabfälle sinnvoll. Sie werden auf einer rechteckigen Fläche aufeinandergeschichtet und mit Erde bedeckt. Auf dem so entstehenden Erdwall wachsen Pflanzen besonders gut, denn einerseits erhalten sie durch die Schräglage besonders viel Sonne, zum anderen versorgen die im Untergrund verrottenden Gartenreste sie mit Nährstoffen.

Kraterbeet: eine Variante, die auf den Klimawandel reagiert. Denn in der Senke des runden Beets bildet sich ein ***Mikroklima:*** An kalten Tagen hält sich dort die Wärme länger, in Heißphasen kühlt der Krater die Pflanzen durch Verdunstung. Ins Innere werden deshalb besonders durstige und frostempfindliche Sorten gesetzt, an den Hängen wächst Gemüse mit durchschnittlichen Ansprüchen, der Wall eignet sich für hitzebeständige Arten.

☛ Gießen und Düngen

Während der Saison muss das Beet natürlich weiter gepflegt werden – aber man sollte dabei auch nicht übertreiben. Wer zum Beispiel im Frühling zu viel gießt, sorgt dafür, dass die Pflanzen aus Bequemlichkeit nur kurze Wurzeln ausbilden. Im Sommer reichen diese dann nicht hinunter bis in feuchtere Bodenschichten.

Grundsätzlich gilt:

* *Lieber seltener und dafür kräftig gießen.*
* *Im Sommer die heiße Mittagszeit zum Gießen meiden.*
* *Beetpflanzen nicht mit dem Rasensprenger wässern: Scheint die Sonne, führen Wassertropfen auf Blättern zu Verbrennungen. Per Schlauch oder Gießkanne dagegen gelangt das Wasser direkt an den Fuß der Pflanzen.*

Etwa

5

Zentimeter tief sollten Schalen und Co eingearbeitet werden

Für die Herstellung von Pflanzenjauche benötigt man circa ein Kilo Grünschnitt (etwa Brennnessel) auf 10 Liter Wasser

Kaffeesatz eignet sich besonders gut für Pflanzen, die einen sauren Boden benötigen

* ***Regenwasser ist ideal, denn es enthält keinen Kalk.***
* ***Eine Mulchschicht aus Rasenschnitt oder gehäckselten Gartenabfällen hält die Feuchtigkeit im Boden.***

Neben Wasser benötigen die Pflanzen auch Nährstoffe, hier eignen sich organische Dünger wie Kompost und Guano. Einige Küchenabfälle wie zum Beispiel Eierschalen und Kaffeesatz können auch direkt unter die Erde gemischt werden. Mist ist ebenfalls ideal – frisch darf er allerdings auf keinen Fall in Beete eingearbeitet werden, auf denen bereits Gemüse wächst!

Natürliche Mittel helfen auch bei Krankheiten und Schädlingen: Eine Brühe aus Schachtelhalm etwa beugt Pilzbefall vor und wirkt gleichzeitig gegen Spinnmilben. Wer gezielt Fressfeinde ins Beet setzen will, etwa Schlupfwespen gegen Blattläuse, kann diese online bestellen.

5. Schritt
Nachsorge

Laub oder Mulch schützt das Beet im Winter vor *Erosion*

☛ An die nächste Saison denken

Am Ende des Gartenjahres sollte das Beet nur ***wenig zurückgeschnitten*** werden: Vögel freuen sich, wenn sie im Winter noch ein paar Samen an stehen gebliebenen Halmen finden, Insekten verbergen sich unter welken Blättern. Allerdings lohnt es sich, jetzt in die ***Bodenqualität*** zu investieren: Das Erdreich sollte mit Mulch oder Laub abgedeckt werden, damit es nicht erodiert. Da diese Auflage den Winter über langsam verrottet, reichert sie zusätzlich den Boden mit Nährstoffen an. Alternativ wird Gründünger aufs Beet gesät: Winterroggen, Feldsalat oder Wintererbse wachsen auch bei niedrigen Temperaturen, schützen den Boden und lockern ihn auf. Im Frühling werden die Pflanzen dann in die Erde eingearbeitet und liefern so Nährstoffe – für frisch gesetzte Pflanzen genauso wie für Nützlinge, etwa den Regenwurm.

Verblühte Stängel dienen Insekten als Winterquartier und Kinderstube

Und wer jetzt noch nicht genug hat: Der Herbst gilt als ideale Zeit für die Anlage eines neuen Beetes!

Entdeckt & empfohlen

So wird aus Arbeit Vergnügen: acht Dinge, die das Gartenleben einfacher – und schöner – machen

Gärtnerhut aus Stroh: luftig, leicht und besonders bei warmem Wetter sehr angenehm zu tragen, 99 Euro (Mayser)

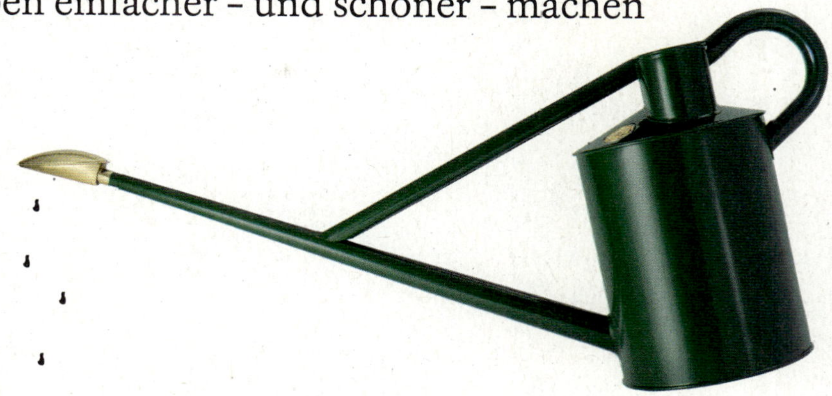

Gießkanne aus Metall: verzinkt und pulverbeschichtet, mit langem Auslauf für maximalen Wasserdruck, 99,90 Euro (Haws)

Knieschutz: weiche, wasserdichte Auflage für alle knienden Aufgaben in Schuppen oder Beet, 38,99 Euro (Garden Trading)

Pflanzkelle für Kinder: kleine, kräftige Kelle aus Mangan-Bor-Stahl, Stiel aus Eschenholz, 22,90 Euro (Krumpholz)

Drahtkorb: verzinkter Stahl, in verschiedenen Abmessungen und Ausführungen, für Streuschnitt und Ernte, ab 83,30 Euro (Böco)

Solarlampe: speichert während des Tages Energie, die sie nachts in Form von Licht wieder abgibt, 30,99 Euro (Sonnenglas)

Feuertopf: zum schonenden Garen von Fleisch oder Gemüse über offenem Feuer, verschiedene Größen, ab 24,99 Euro (Petromax)

Keimturm: ideales Gefäß zum Keimen von Sprossen aller Art, mit konstanter Wasserabgabe, 39,99 Euro (Bavicchi)

AUF DIE SANFTE ART

All die leckeren Dinge, die im Garten gedeihen, schmecken nicht nur einem selbst. Auch tierische Mitesser bedienen sich allzu gern an Salat, Gemüse und Co. Welche Tricks die unliebsamen Gäste auf schonende Weise vertreiben und was gegen pflanzliche Störenfriede hilft

Text: Peter Wohlleben Illustrationen: Rainer Harf

P

Plage Nr. 1: Schnecken

Kaum sind die ersten zarten Keimlinge von Kohl, Salat oder Zucchini im Beet, machen sich die „Bauchfüßer“ auf den Weg, um sie aufzufressen. Schnecken haben einen guten Geruchssinn, und der spricht auf viele unserer Kulturpflanzen an – auf über 20 Meter Entfernung. Diese Strecke legen die Tiere in einer Nacht zurück.

Es gibt in Mitteleuropa rund 200 Schneckenarten, die unterschiedlich „gefährlich“ für Ihre Pflänzchen sind. Besonders schlimm wütet die Spanische Wegschnecke (die in Wahrheit aus Südfrankreich stammt). Sie wurde eingeschleppt und breitet sich unaufhaltsam über ganz Europa aus. Schlimm ist sie deswegen, weil sie heimische Arten wie die Rote Wegschnecke verdrängt. Ihr Hautsekret schmeckt bitter und mundet Igel und Co nicht, weshalb diese lieber auf bewährte heimische Arten zurückgreifen und sie dezimieren, wodurch sich die Spanische Wegschnecke wiederum rascher ausbreiten kann – ein Teufelskreis. Und weil der Neuzugang gefräßiger ist als die ursprünglichen Arten, werden unsere Gärten auch stärker attackiert.

Was tun? Zunächst gibt es rein mechanische Abwehrmaßnahmen wie etwa den glatten Schneckenzaun. Diese Kunststoffbarriere können Schnecken nicht überwinden, solange er neu (und glatt) ist, nicht überwachsen und von Maulwurf- und Wühlmaushaufen freigehalten wird. Auch ein ein Meter breiter Schutzstreifen aus trockenem Material (etwa Sand) um das Beet herum soll helfen – doch wenn es regnet, wird er für Schnecken passierbar.

Die berühmten Bierfallen stellen einen Übergang zu chemischen Mitteln dar, wenngleich sie eher harmlos sind. Allerdings müssen sie täglich kontrolliert werden, zudem sollte das Bier nach wenigen Tagen ausgewechselt werden. Durch die Lockwirkung werden auch Schnecken herbeigerufen, die sonst Ihr Beet links liegen gelassen hätten. Und einen weiteren Nachteil haben diese Fallen: Sie fangen jede Schnecke, auch vom Aussterben bedrohte Arten. Ja, die gibt es auch!

Doch die nächste Variante ist noch ungünstiger: Schneckenkorn. Je nach Hersteller enthält es Eisen- und Phosphorverbindungen, ältere Präparate womöglich auch Nervengifte, die sogar für Säugetiere gefährlich sind. Falls Sie Ihren Garten nicht in eine Todeszone verwandeln möchten, würde ich von solchem Granulat abraten. Schließlich geht es bei der Selbstversorgung um eine naturverträgliche Landwirtschaft.

Es bleibt als verträglichste Methode das Absammeln. Morgens, wenn noch alles taufeucht von der letzten Nacht ist, ↠

sitzen die Schnecken oberirdisch im Beet. Jetzt lässt sich dieses zügig durchforsten und alle ungebetenen Gäste absammeln. Und dann? Harte Zeitgenossen schneiden die Tiere durch oder überstreuen sie mit Salz. In beiden Fällen kommen die Schnecken qualvoll um. Da ist kochendes Wasser ein schnelleres Ende, ebenso die Verwendung von kleineren Exemplaren als Hühnerfutter. Für die Schnecken ist es natürlich noch besser, wenn sie in einer Wiese oder einem Feldgebüsch ausgesetzt werden. Das sollte allerdings mehr als 50 Meter vom eigenen Garten entfernt sein, denn sonst sieht man die Tiere irgendwann wieder.

Da Schnecken Feuchtigkeit lieben, hilft es zuweilen auch, alte Leinensäcke oder Holztafeln auf die Beete zu legen. Zu Tagesbeginn verkriechen sie sich darunter, um sich vor der Sonne zu schützen. Hier lassen sich die Plagegeister bequem einsammeln. Apropos einsammeln: Es lohnt sich, ganz genau hinzuschauen, denn wie so oft im Leben sind die Kleinsten auch die Unangenehmsten. Gerade besonders hungrige Arten wie die Genetzte Ackerschnecke, die im Jugendstadium oft nur einen Zentimert groß ist (ausgewachsen drei bis fünf Zentimeter), werden mit ihrer hellbraunen Farbe leicht übersehen.

Plage Nummer 2: Feld- und Wühlmäuse

Vielleicht liegt es daran, dass unser Grundstück von Wald und Wiesen umgeben ist, jedenfalls finden wir fast täglich neue Gänge von Feld- und Wiesenmäusen, die sich zwischen Salat oder Kartoffeln hinziehen. Links und rechts davon welkt dann eine Pflanze nach der anderen, weil ihnen die Wurzeln abgeknabbert werden. Besonders ärgerlich ist es, wenn in Mäusejahren gerade die dicksten Kartoffeln, Pastinaken, Roten Beten oder Möhren an- oder ganz aufgefressen werden, eine vermeintlich üppige Ernte sich als Flop entpuppt.

Trotzdem sind die kleinen Nager irgendwie putzig, und man möchte sie am liebsten nur vertreiben. Dazu sollen Pflanzen wie Knoblauch oder Kaiserkrone geeignet sein, die zwischen die Kulturen gesetzt werden. Bei uns hat das noch nie funktioniert. Auch leere Flaschen, in den Beeten so vergraben, dass der Wind klagende Geräusche mit ihnen produziert, sind leider nutzlos.

Technisch aufwendiger kommen Ultraschallgeräte daher, welche die Mäuse mit für Menschen nicht hörbarem Gepfeife vertreiben sollen. Abgesehen davon, dass dieser Ultraschallkrach auch viele andere Tierarten stört (man denke etwa an Fledermäuse, die mit Ultraschall jagen), gewöhnen sich Mäuse rasch daran, und wer noch nicht jenseits der 50 ist, hört den unangenehmen Pfeifton sogar selbst.

Sieht man von fragwürdigen und gefährlichen Methoden wie Ver-

Bis zu
13
Junge können Feldmäuse pro Wurf bekommen

giften oder Vergasen ab, bleiben letztendlich nur Fallen übrig. Es gibt welche, die lebend fangen. Das ist sehr mäusefreundlich, man muss allerdings nach jedem Fang einen kleinen Spaziergang unternehmen, um die Tiere weit genug entfernt wieder freizulassen. Zudem ist mehrmals täglich eine Kontrolle erforderlich, weil die hochaktiven Tiere sonst verhungern.

Ob ein Mauseloch überhaupt noch bewohnt wird, lässt sich wie folgt feststellen: Bei den kleineren Feldmäusen muss es offen sein. Man bedeckt es mit etwas Erde und schaut am nächsten Tag, ob es wieder aufgemacht wurde. Bei den größeren Wühlmäusen ist es genau umgekehrt: Sie verschließen einen offenen Eingang in kurzer Zeit wieder. Ist ein Gang „leergefangen", so bietet es sich an, ihn mit einem Stöckchen zu markieren, um die Übersicht zu behalten und die Falle nur an erfolgversprechenden Löchern aufzustellen.

Plage Nummer 3: Blattläuse

Blattläuse vermehren sich unglaublich schnell und saugen derart an den Pflanzen, dass sich Triebe und Blätter krümmen und verkümmern. Nebenbei übertragen sie auch noch Krankheiten. Bei den Dicken Bohnen ist es die Schwarze Bohnenlaus, die den oberen Trieb dicht an dicht besetzt. Nicht nur die Tiere sind schwarz, auch auf den klebrigen Zuckerausscheidungen siedeln sich Rußtaupilze an.

Was hilft? Wer Zeit für mehrere Versuche hat, kann es mit einem scharfen Wasserstrahl probieren, zum Beispiel mit dem Brausekopf des Gartenschlauchs. Damit werden die Lästlinge einfach abgespült. Meistens erwischt man jedoch nicht alle, und aufgrund der enormen Vermehrungsrate sitzt ein paar Tage später wieder alles voll. Ähnlich erfolgreich ist das Abstreifen per Hand, am besten ohne Handschuh, damit empfindliche Blätter nicht zerdrückt werden. Der Vorteil dieser Methode ist, dass sich das auch im Vorrübergehen schnell miterledigen lässt. »→

Seifenlauge mit Kernseife ist die dritte Möglichkeit, bei der die Seife den kleinen Insekten ans Leben geht. Die vierte und erfolgreichste Variante ist eine wässrige Lösung mit Neemöl, die auf die befallenen Pflanzen gesprüht wird. Wie die Seife ist das Öl biologisch abbaubar, tötet bis dahin allerdings auch andere Kleintiere.

Plage Nummer 4: Unerwünschte Pflanzen

Das Gemüse, das wir ziehen, ist züchterisch bearbeitet. Ihm sind Bitterstoffe und holzige Fasern abhandengekommen, dafür enthält es mehr Stärke, Zucker oder Aromastoffe. Da genetisch gewünschte Eigenschaften meist mit anderen, oft unbekannten verknüpft sind, schwächen solche Zuchten die Pflanze, obwohl sie optisch vor Kraft nur so zu strotzen scheint. Daher sind es meist unerwünschte Pflanzen, die ohne unsere Eingriffe die Oberhand in den Beeten übernehmen.

Sie rauben unseren angebauten Sorten das Sonnenlicht und lassen sie kümmern. Oft kann die Sonne den Boden nicht trocknen, und in dem feuchten Kleinklima gedeihen auch noch Pilzkrankheiten.

Ein weiterer wichtiger Aspekt ist die Fruchtfolge. Was nützt es, wenn man akribisch jedes Jahr die Beete wechselt und jeweils andere Pflanzengruppen anbaut, wenn Wildkräuter derselben Pflanzenfamilien kreuz und quer die Flächen besetzen? So breiten sich Parasiten rasch aus, und es ist nicht verwunderlich, wenn Ernten mickrig ausfallen.

Das Unkraut gibt es natürlich nicht; es geht hier um eine Vielzahl von Wildpflanzen mit den unterschiedlichsten Eigenschaften. Manche sind extrem hartnäckig und schlecht zu entfernen, wie etwa Quecken oder Hahnenfußgewächse. Sie treiben aus kleinsten Wurzelresten wieder aus und ärgern uns schnell von Neuem.

Harmloser, je nach Geschmack sogar nützlich sind dagegen Arten wie die Vogelmiere. Sie überzieht schnell den ganzen Boden, wird nicht viel höher als 20 Zentimeter, wurzelt nur lose und ist zudem noch ein gesundes Gemüse. Wir freuen uns über diesen Gast, der manchmal die abgeernteten Beete überzieht und sie davor schützt, vom Regen ausgewaschen zu werden.

Allein in Mitteleuropa gibt es rund 800 Arten Blattläuse

In Bezug auf die Akribie scheiden sich bei uns die Geister. Ganz männertypisch hacke ich zwischen den Reihen grob durch und lasse das zerstörte Grünzeug als Dünger einfach liegen. Dadurch sind schnell größere Flächen bearbeitet, allerdings treiben die unliebsamen Gewächse nach wenigen Tagen schon wieder munter nach. Meine Frau zupft dagegen jeden fremden Spross aus der Erde, sodass unsere Nutzpflanzen hinterher wie aus dem Ei gepellt dastehen und nichts als nackte Erde außen herum ist. Das dauert (zumindest für meine Begriffe) entsetzlich lange, hat aber den Vorteil, dass nun für einige Wochen Ruhe ist. ●

VÖGEL

Gefiederte Gourmets

Nicht nur Blattlaus, Schnecke und Maus mögen das, was wir für den eigenen Genuss im Garten anbauen. Auch Vögel fliegen auf Beeren und Obst. Mit ein paar Tricks bleiben doch noch Leckereien für uns übrig

Es fällt mir wirklich schwer, Vögel als Schädlinge zu sehen, und einmal abgesehen davon ist es ohnehin verboten, die gefiederten Gartenbesucher zu bekämpfen. Dennoch gibt es ein paar **Möglichkeiten, ihnen den Zutritt zu unseren Früchten zu verwehren.** In meinen Augen ist die schönste von allen: einfach von den Köstlichkeiten, die wir – und eben auch die Vögel – begehren, ein bisschen mehr zu pflanzen. Eben so viel, dass es für alle reicht. So haben wir mittlerweile rund 30 Johannis- und Jostabeerensträucher. **Und die beernten wir gemeinsam** mit Amseln und Drosseln.

Manchmal nützt das aber nichts, denn die gefräßigen Tiere stibitzen die Beeren immer dann, wenn sie kurz vor der Reife stehen. Zudem scheint es sich unter dem Vogelvolk in der Umgegend herumzusprechen, dass es bei Wohllebens gerade frische Ware gibt. Dann ist quasi über Nacht alles weggenascht. Hier könnte man **Netze** spannen, doch das machen wir nicht mehr, weil sich darin immer wieder Vögel verfangen haben.

Bis zu

15000

Samen pro Pflanze kann die Vogelmiere bilden

MIT DER KRAFT DER HÄNDE

Sie veredeln Sauerkraut zur Delikatesse, sie ziehen Pilze auf Kaffeesatz heran oder gewinnen aus Lupinen aromatische Getränke: von Menschen, die Lebensmittel selbst herstellen – für sich und andere

Text: Claus Peter Simon

Fast täglich sammelt Lucia Hiemer Blüten und Samen in ihrem Permakulturgarten. Viele Kräuter trocknet sie

Das nutzbare Ökosystem

Sie gärtnert nicht einfach, vielmehr möchte Lucia Hiemer mit ihrer Arbeit einer ethischen Haltung Ausdruck verleihen: Im Allgäu, in der Nähe von Kempten, bewirtschaftet sie einen 3500 Quadratmeter großen Garten nach den ***Prinzipien der Permakultur.*** Was so viel heißt wie ein nutzbares Ökosystem zu erschaffen und zu pflegen, das sich von selbst erhält. Es soll ein Überleben im Einklang mit der Natur ermöglichen.

Bei Lucia Hiemer gibt es daher ***keine Unterscheidung zwischen Nützlingen und Schädlingen, Nutzpflanzen und Unkraut.*** Jedes Lebewesen, ob Tier oder Pflanze, hat seine Berechtigung und Aufgabe. Die Ernte füllt jedes Jahr ihre Speisekammer mit Kompott, Sauerkraut, Marmeladen, Tees, Trockenbohnen und Apfelsaft.

Einen Discounter hat die gelernte Holzbildhauerin seit Jahrzehnten nicht mehr betreten. Strom und Warmwasser erzeugt sie mittels Solarpaneelen, ihre Kleidung näht sie aus gebrauchten Stoffen selbst. Es ist kein einfaches Leben, aber ein erfülltes. Auch weil Lucia Hiemer ihr Wissen und ihre Erfahrung weitergibt, als Referentin für die „Permakultur-Akademie im Alpenraum". Bei ihren Wochenendkursen lässt sich lernen, wie regionale Selbstversorgung ohne Naturausbeutung möglich ist.

»DIE NATUR MIT IHRER VIELFALT IST WUNDERBAR UND VOLLKOMMEN ZUGLEICH«

Olaf Schnelle ist studierter Gartenbauingenieur und betreibt veganen Bioanbau im Landkreis Vorpommern-Rügen

»GÄRTNERN IST DAS EINZIGE, WAS ICH WIRKLICH KANN«

Abfall – ein Fremdwort

Junger Fenchel, Sauerampfer, Radieschen, Gelbe Beten, Ringelbeten, Physalis, Erbsen, Chilis, Pastinaken, Knollenfenchel, dazu frische Wildkräuter – es lässt sich gar nicht vollständig aufzählen, welche Pflanzen Olaf Schnelle so alles anbaut. Der studierte Gartenbauingenieur steht gewöhnlich jeden Tag draußen in seinen Beeten am Rande des Örtchens Dorow, in den Weiten des Landkreises Vorpommern-Rügen, sät, beobachtet, pflegt und erntet.
Was ihn von vielen anderen unterscheidet: ***Er düngt seinen Boden nicht,*** sondern ernährt ihn, wie er sagt. Die Fläche für das Gras, mit dem er seine Beete mulcht, ist viermal so groß wie sein Garten. Was vor einigen Jahren noch erschöpft und ausgelaugt war, ist dank des Aufbaus an Humus heute gesund und ertragreich. Und wenn jahreszeitlich Überschüsse an Gemüse anfallen, fermentiert er sie.
Bei seinem veganen Bioanbau gibt es ohnehin keinen Abfall. ***Er verwertet alles, von der Wurzel bis zum Samen.*** Essbare Blüten und zahlreiche seltene Kräuter, die er gewinnt, werden seit Langem von Köchen in ganz Deutschland nachgefragt. Wer hat schon Giersch, Hopfenblüten, Franzosenkraut oder die Vogelmiere im Angebot?

Die Beete düngt Schnelle ohne Chemie, verzichtet aber auf ein Ökosiegel – das sei »Lullifax«. Frisch geerntete Kräuter finden ihren Weg in die Küchen zahlreicher Spitzengastronomen

Die Süßlupine ist eine ungemein vielfältige Hülsenfrucht. Linda Kelly verarbeitet sie auch zu Nudeln und Porridge

Lupinen-Leidenschaft

In einem Winter vor einigen Jahren erfror auf einem der Felder des Biolandhofs Warnke/Kelly der Weizen. ***Süßlupinen waren eine gute Alternative*** für die freie Fläche. Doch was tun mit der Ernte, mit den weißen Samen der Hülsenfrucht? Recherchen ergaben, dass sich daraus ein „Ersatzkaffee" herstellen lässt.

Linda Kelly und ihre Mutter rösteten die Samen in der Pfanne, mahlten die Bohnen und brühten das Pulver auf: Ergebnis war ein aromatischer, koffeinfreier Süßlupinen-Trunk. Bald aber fiel Linda Kelly auf, dass sie mit der Pflanze noch viel mehr machen konnte. Vor allem wegen der ***wertvollen Inhaltsstoffe,*** denn Lupinen enthalten 30 bis 40 Prozent Eiweiß, ihre Samen alle essenziellen Aminosäuren, dazu Vitamine sowie viele Mineralstoffe.

Die gelernte Industriekauffrau und Landwirtin experimentierte in ihrer Versuchsküche, erzeugte Flocken, Mehl und Nudeln aus den Pflanzen. Mit ihrer Mutter entwarf sie ein Logo und gründete schließlich das Label „Lupinello". Inzwischen zählen auch Kosmetika aus Lupinenöl und Wärmekissen gefüllt mit Lupinensamen zu den Produkten.

DIE HÜLSENFRÜCHTE ENTHALTEN 30 BIS 40 PROZENT EIWEISS

Kaffeesatz veredeln

Es kann kein Zufall gewesen sein, dass diese Idee ausgerechnet in Wien entstanden ist, der Wiege der Kaffeehäuser. Täglich fallen in der Stadt Tonnen an Kaffeesatz an. Für Manuel Bornbaum und Florian Hofer, die Gründer von „Hut & Stiel", ist das ein wahrer Schatz.
Mit einem E-Auto sammeln die beiden und ihr Team mehrmals die Woche die dunklen Hinterlassenschaften ein. Das Ziel ihrer Touren ist ein Gemeinschaftshof an einem stillen Nebenarm der Donau. Dort wird in einer Mischmaschine der Kaffeesatz mit Kalk und Stroh durchmengt und mit Myzel angereichert, in diesem Fall mit dem des Austernpilzes. Dieses nimmt die reichhaltigen Nährstoffe der Mischung auf. Abgepackt in Säcke mit winzigen Öffnungen, kann das Myzel wachsen – ***und nach fünf Wochen schießen dichte Trauben Austernpilze aus den Öffnungen hervor.***
Noch am Tag der Ernte werden die Pilze ausgeliefert, auf den Markt geradelt, zu Restaurants und zum Einzelhandel gefahren oder direkt ab Hof verkauft. Einen Teil der Ernte lassen die Jungunternehmer zu Pesto, Sugo oder Schwammerl-Gulasch verarbeiten und damit haltbar machen. Pilzbegeisterte können inzwischen auch ein Kit für den Eigenanbau ordern: „Pilz aus dem Kübel".

Der dunkle Kaffeesatz, vermengt mit Pilzmyzel, bietet beste Wachstumsbedingungen – nach nur wenigen Wochen drängen schmackhafte Austernpilze hervor

Austernpilze

Der Garten der Kräuter-expertin bietet Platz für eine Streuobstwiese, ein Gemüse-beet und zahl-reiche Blumen und Kräuter

Im Kräuterparadies

Aufgewachsen in einer kleinen Landwirtschaft, verband sie schon als Kind eine Liebe zur Natur. ***Das tägliche Arbeiten mit Pflanzen ist Siglinde Eders Leidenschaft.*** Seit vielen Jahren bewirtschaftet die gelernte Zierpflanzengärtnerin den 10 000 Quadratmeter großen Garten ihres Elternhauses. Der beherbergt auch so überraschende Gäste wie Mammutbäume, einen Tulpenbaum und die Pimpernuss.

Seit sie sich zur Kräuterpädagogin weitergebildet hat, bringt Siglinde Eder Interessierten die heimische Flora mit ihren Wildkräutern nahe. Die Teilnehmenden sammeln in Wiese und Garten zahlreiche Kräuter und Blüten. Mit Essig, Öl oder Alkohol werden diese angesetzt und können später in der Küche verwendet werden. Oder sie mixen Smoothies aus Vogelmiere, Löwenzahn, Gänseblümchen und Spitzwegerich.

Mit einem Wildkräuterimbiss endet die Führung. In ihrem „Kräuterstadl" bietet Siglinde Eder zudem ***eine Auswahl an selbst erzeugten Naturprodukten an.*** Darunter so Ungewöhnliches wie Winterholunder- und Kiefernspitzenaufstrich, Wildfruchtessig und Löwenzahnsirup, Fichtenspitzenlikör und Rosenlikör. Eine geradezu paradiesische Vielfalt.

Leckereien

Siglinde Eder liebt ihre Arbeit im Grünen und stellt aus zahlreichen Kräutern unter anderem Liköre und Sirupe sowie die verschiedensten Essigkreationen her

»VON MORGENS BIS ABENDS IM GARTEN ZU ARBEITEN, DAS IST FÜR MICH EIN PERFEKTER TAG«

Wilde Fermentation

Sie wollten noch einmal einen anderen Fokus in ihrem Leben setzen. Daher verkauften Swantje und Martin Theben vor einigen Jahren ihren Webshop für Outdoorbekleidung und zogen von Süd- nach Norddeutschland, ins Wendland. In Hitzacker restaurierten sie eine Wassermühle, gründeten einen Waldkindergarten – und eine Manufaktur für fermentiertes Gemüse mit dem Namen „Suur“, plattdeutsch für „sauer“.
Das Verfahren der Fermentation ist seit Jahrtausenden bekannt, es macht Nahrungsmittel nicht nur länger haltbar, sondern vor allem auch besser verträglich und gesünder. Bei Suur setzen sie auf die sogenannte ***wilde Fermentation ohne Starterkulturen:*** Milchsäurebakterien, die sich natürlicherweise am Gemüse befinden, vermehren sich unter Luftabschluss, verdauen stärkehaltige Teile des Weißkohls quasi vor und wandeln sie in Säure um. Durch eine Verfeinerung mit Kurkuma, Chili, Roter Bete und Ingwer verleihen die Gründer dem Weißkohl ganz ungewöhnliche Geschmacksdimensionen. Und so bekommt das vermeintliche Oma-Gemüse „Sauerkraut“ bei ihnen ein ganz neues Image.

INSPIRATION FÜR DIE WEISSKOHL-KREATIONEN HOLTE SICH MARTIN THEBEN UNTER ANDEREM AUS DEN USA

Yves Élie hat mit dafür gesorgt, dass sich in der Region wieder einige Tausend Bienenvölker ansiedeln konnten

Hüter der Bienen

Er hat in Hamburg studiert, dort als Hafenarbeiter, Lehrer und Übersetzer gearbeitet, dann wurde er Filmemacher. Seit vielen Jahren aber lebt Yves Élie im Cevennen-Nationalpark in Südfrankreich, wo er sich für den Erhalt der Dunklen europäischen Urbiene einsetzt.

Auf 20 Hektar Fläche haben Yves Élie und andere Imker ideale Lebensbedingungen für die Insekten geschaffen: Büsche beschnitten, damit Blütenpflanzen besser wachsen, alte Obstsorten angepflanzt, Kastanien aufgepfropft und Buchweizen gesät, damit die Bienen reichlich Nahrung finden. Außerdem höhlt Yves Élie den Insekten Kastanienholzstämme aus, so wie es jahrhundertelang üblich war. Dort können die Tiere sich ihre Waben selbst bauen – und sind im Sommer vor Hitze und im Winter vor Kälte geschützt.

Aber Yves Élie schützt die alte, wenig ertragreiche Bienenart nicht nur, er nutzt sie auch. In kleinen Mengen kommt ihr fruchtigsüßer Honig in den Handel. Außerdem vertreibt er in Weinstuben Honigwein (Hydromel nature), eine uralte Veredelung des Honigs. „Wenn die Bienen gedeihen, fördert das die Natur insgesamt", sagt er. „Und es steigert die Lebensfreude des Menschen."

»WENN DIE BIENEN GEDEIHEN, FÖRDERT DAS DIE NATUR INSGESAMT«

Diese Töpfe schützen die Wurzeln und lösen sich im Boden auf

Abbaubare *Anzuchttöpfe*

Das Herz geht auf, wenn man Pflanzen beim Wachsen zuschaut

Die abbaubaren Töpfe lassen sich problemlos in verschiedenen Größen herstellen (weitere Anleitungen in »Samenwunder« von Sophie Collins und Melissa Mabbitt, siehe Seite 114)

Vor
150
Millionen Jahren entstanden die Blütenpflanzen

Das brauchen Sie:

- Zeitungspapier oder dünne Pappe
- Marmeladenglas oder Getränkedose
- Schere
- Bindedraht (wahlweise)
- Anzuchtschalen

Zieht man Pflanzen vor *– um sie im zarten Alter vor Tierfraß oder Kälte zu schützen –, steht man zuweilen vor einem Problem: Wenn man die Jungpflanzen aus den Töpfen zieht, um sie ins Beet zu setzen, beschädigt man nicht selten das empfindliche Wurzelwerk. Da sind Anzuchttöpfe, die verrotten, eine wunderbare Alternative – sie lassen sich leicht selbst basteln*

Schritt 1 Papier oder Pappe in Streifen von 30 cm Länge und 20 cm Breite schneiden. Ein Glas oder eine Dose an den oberen Rand des Papiers legen

Schritt 2 Dose oder Glas ins Papier einrollen, die Enden am Boden eindrücken, das Gefäß herausnehmen, oberen Rand einfalten, eventuell mit Bindedraht umwickeln

Schritt 3 Auf diese Art lassen sich weitere Töpfe produzieren und in eine Anzuchtschale stellen. Mit Aussaaterde füllen – los geht es mit dem Säen

Team Tomate

Sie sind mal kugelrund, mal oval, rot oder gelb, groß oder klein – aber alle gehören zur Familie. Die Expertinnen *Lisa Grindmayer* und *Steffi Haßelbeck* sind absolute Fans der saftigen Früchte: in ihrem Garten und auf dem Teller

Interview: Lena Gradl

Das Nachtschattengewächs bringt eine unglaubliche Sortenvielfalt hervor – in schier allen erdenklichen Farben, Größen, Wuchshöhen

Die Bloggerinnen Lisa Grindmayer und Steffi Haßelbeck präsentieren zahlreiche Tipps für jede Saison auf ihrer Website *farmmade.de*

Erst im **19.** *Jahrhundert erhielt die Tomate ihren heutigen Namen*

Sobald kein Nachtfrost mehr zu erwarten ist, setzen die Schwestern die Tomatenpflanzen ins Gewächshaus. Dazwischen wachsen unter anderem Dill, Basilikum oder Kapuzinerkresse

Wie sieht ein idealer Sommerabend im Garten aus?

Steffi: Es ist noch wunderbar lau, wir streifen barfuß durchs Gras. Freunde und Familie sind da. Wir haben die Bierbank in einer netten Ecke aufgestellt. Und wenn irgendwann der Hunger kommt, schauen wir, was gerade alles wächst, überlegen spontan, was wir kochen könnten, ernten ganz frisch und zaubern dann eine bunte Auswahl auf den Tisch.

Tomatentarte zum Beispiel ...

Lisa: Genau. Die geht richtig fix und schmeckt unglaublich lecker. Im August gedeihen Tomaten bei uns in Hülle und Fülle. Was wir nicht in unseren Gerichten verarbeiten oder direkt im Vorbeigehen naschen, kochen wir beispielsweise als Sugo ein – so hat man auch im Winter den Geschmack von Sommer auf der Zunge. Das Tolle am eigenen Anbau ist die große Sortenvielfalt, aus der man auswählen kann, was man mag. Im Supermarkt gibt es oft nur die Standards. Dabei gibt es Tausende verschiedene, optisch und geschmacklich überraschende Sorten.

Steffi: Nachdem wir auf dem jährlichen Saatgut-Festival bei uns in der Nähe einen Stand nur mit Tomatensamen entdeckt hatten, gerieten wir in einen regelrechten Tomatenrausch. Wir haben besonders die alten, reinen Sorten für uns entdeckt, für die schon unser Opa schwärmte, und sind süchtig nach den intensiven Aromen. „Ochsenherz"-Tomaten, die locker mal ein Kilo auf die Waage bringen, bleiben wir Jahr für Jahr treu, aber wir probieren auch andere spannende Sorten. In dieser Saison zum Beispiel die fast schwarze Cherrytomate „Indigo Rose" und die dunkelgrüne, gerippte „Primora".

MIT EINEM GUTEN SUGO KANN MAN SOGAR IM WINTER NOCH DEN FRUCHTIGEN GESCHMACK VON SOMMER AUF DER ZUNGE HABEN

Was ist zu beachten, wenn man die eigenen Lieblinge vermehren möchte?

Steffi: Will man Saatgut aus der eigenen Ernte gewinnen, sollte man eine möglichst reife Tomate nehmen. Das erhöht die Wahrscheinlichkeit, dass die Samen keimen. Außerdem sollten es unbedingt samenfeste Sorten sein, die alle typischen Eigenschaften unverändert an die Folgegenerationen vererben. Sogenannte F1-Hybriden bringen meist Tochterpflanzen mit schlechteren Frucht- und Wuchseigenschaften hervor. Samentütchen aus dem eigenen Vorrat tauschen wir bisweilen über Saatgutbörsen gegen rare Schätze anderer Tomatenfans. Aber auch unter Freunden oder Nachbarn.

Um so zur Vielfalt beizutragen, müssen die Pflanzen erst mal gut gedeihen. Gibt es besondere Tricks?

Steffi: Ob im Freiland oder im Gewächshaus – die Starkzehrer brauchen ordentlich Kraft in der Erde und ein gutes Start-Substrat. Wir legen Brennnesselblätter in die Pflanzlöcher, bedecken sie ➵

Die heute weitverbreitete Pflanze gelangte im 16. Jahrhundert von Mexiko aus durch die Spanier nach Europa, wo sie zunächst nur als Zierpflanze gezogen wurde

NACH DER ERNTE

Tomaten gehören zu den wenigen Gemüsearten, die auch nach dem Pflücken noch im Haus nachreifen. Übrigens: Im Kühlschrank verlieren die Früchte mit der Zeit ihr Aroma

Mehr als

180

Millionen Tonnen Tomaten werden weltweit pro Jahr geerntet

Gepflückte Tomaten sollte man am besten in flachen Gefäßen ablegen, sonst erdrücken sie sich gegenseitig. Die Sorte „Ochsenherz" ist besonders weich und empfindlich

Sommerliche Tomatentarte

Für 5 Personen

1 Rolle Blätterteig in einer mit etwas **Olivenöl** gefetteten Tarteform auslegen. Mit einer Gabel mehrmals einstechen. **1 Becher Sauerrahm** nach Belieben mit **fein gehacktem Knoblauch** sowie **Rosmarin, Salz** und **Pfeffer** vermengen, dann die cremige Masse auf dem Blätterteig verstreichen. **500 g Cocktailtomaten** waschen und im Ganzen auf der Tarte verteilen. Bei 180 Grad im vorgeheizten Ofen (Ober-/Unterhitze) für circa 35–40 Minuten backen. Darauf achten, dass die Backofentür geschlossen bleibt, sonst fällt der Teig zusammen. Als farbliches sowie aromatisches Schmankerl nach Belieben mit einigen **frischen Basilikumblättern** garnieren und heiß servieren.

Wann die Erntezeit gekommen ist, richtet sich nach Klima und Wetter und danach, ob die Tomaten im Gewächshaus wachsen oder im Freiland

Gut

1

Kilo können Ochsenherz-Tomaten wiegen

Halb reife Tomaten kann man in Zeitungspapier gewickelt für ein paar Tage an einem warmen Ort lagern, bis sie reif geworden sind

SAMEN GEWINNEN

Mit einem kleinen Löffel die Samen ausschaben und mit dem Fruchtfleisch in eine Schüssel geben, dann Wasser daraufgießen. Innerhalb von zwei bis vier Tagen lösen sich die Samen von der gallertartigen Masse und sinken zu Boden

mit etwas Erde und setzen dann die auf der Fensterbank vorgezogenen Pflänzchen ein. Die Brennnesseln geben den Stickstoff nach und nach ab und versorgen die Pflanzen so für die erste Zeit perfekt mit Energie.

Lisa: Zum Saisonende im Oktober nehmen wir die einjährigen Tomatenpflanzen heraus und säen Phacelia. So starten wir gut vorbereitet ins neue Gartenjahr, denn die Blühpflanze reichert in der Zwischenzeit den Boden wieder mit Nährstoffen an, lockert und lüftet ihn. Tomaten soll man eigentlich nicht mehrere Jahre am selben Standort anbauen, doch wir haben nicht den Platz, den Ort zu wechseln. Aber mit Phacelia helfen wir dem ausgelaugten Boden, sich zu regenerieren. Das hat unser Vater auf seinen Feldern genauso gemacht.

Und was macht der Tomatenkultur einen Strich durch die Rechnung?

Steffi: Die Klassiker – Sonnenbrand sowie Kraut- und Braunfäule. Gießt man versehentlich die Blätter, verbrennen feuchte Blätter in der Mittagssonne nicht nur, sondern das feuchte Milieu begünstigt die besagte Pilzerkrankung. Dann heißt es bei uns: Raus mit der Pflanze, damit sie die anderen nicht infizieren kann. Am besten komplett entsorgen – und bloß nicht auf den Kompost, sonst bringt man den Pilz später wieder in die Erde. Stets direkt im Wurzelbereich wässern und Staunässe vermeiden. Baut man im Gewächshaus an, sollte man auf konstante Temperaturen und Luftaustausch achten.

Sommer bedeutet für die Gärtner: gießen, gießen, gießen ...

Lisa: Stimmt. Urlaub ist trotzdem drin. Steffi und ich können uns ja abwechseln. Und klar gibt es Tricks, damit wir auch ein paar Tage gemeinsam wegfahren können. Mulchen hält den Boden länger feucht, dieses Jahr testen wir einen Perlschlauch ... Aber klar machen wir uns schon immer Gedanken, ob alle Pflanzen wohlauf sind. ●

TOMATEN BRAUCHEN ORDENTLICH KRAFT IN DER ERDE UND EIN GUTES START-SUBSTRAT

Es gleicht jedes Mal einem kleinen Wunder, wenn aus einem Samen nach und nach eine Pflanze heranwächst, die schließlich selbst Früchte trägt

Holt die Äcker in die Städte

Wer in dicht besiedelten Vierteln lebt, muss auf Frisches aus eigenem Anbau nicht verzichten. Im Gegenteil: Allerorten zeigen Initiativen, wie gut urbanes Gärtnern funktioniert und wie sich damit ganze Quartiere versorgen lassen

Text: Jenny Niederstadt Fotos: Marzena Skubatz

Zwischen Plattenbauten wächst in Dessau ein gemeinschaftlicher Gemüsegarten. Projekte wie dieses bilden sich immer häufiger in Städten

Etwa

75

Prozent unseres Gemüses sind importiert

In Dessau, zwischen zwei renovierten Plattenbauten, zupft Heike Brückner Beikräuter von einem Feld. Gemeinsam mit 15 anderen Begeisterten betreibt die Stadtplanerin die „Urbane Farm Dessau". Im Süden der Stadt, die rund 80 000 Menschen bewohnen, pflanzt die Gruppe Salbei und Salat, Sauerampfer, Rote Beten, blaue Kartoffeln.

Das Gemüse und die Kräuter wachsen nahe einer Straße inmitten der Stadt, dort wo früher einmal Wohnblocks standen. Doch seit der Wende hat Dessau ein Drittel seiner Bevölkerung verloren, zahlreiche Häuser wurden abgerissen. Zurück blieben Brachen, die schnell verwilderten.

Projekt mit Zukunft

Die Stadtverwaltung bot den Menschen deshalb Parzellen zur kostenlosen Nutzung an. Fünf dieser Flächen bebaut die Urbane Farm heute im Quartier Leipziger Tor: Der Ertrag ist nicht üppig, denn der Bauschutt im Untergrund macht die Böden mager. Doch die Ernte genügt den Ehrenamtlichen zur Selbstversorgung, außerdem beliefert die Gruppe zwei Restaurants und verkauft ihre Ware auf einem Regional- und Biomarkt. „Anfangs hielten uns hier viele für Ökospinner", erinnert sich Brückner an den Projektstart vor sieben Jahren. Mittlerweile aber findet die Urbane Farm sogar Nachahmung: Das benachbarte Frauenzentrum etwa hat Hochbeete angelegt, das Seniorenheim gegenüber eine Streuobstwiese.
Jetzt, im Herbst, hängen die Zweige dort voll mit Äpfeln und Pflaumen, an einer Wand rankt Wein. Und in den Beeten leuchten Zucchini, Kürbisse und Tomaten. Die Ergotherapeutinnen des Seniorenheims nutzen die Hochbeete für kleine Arbeiten mit Pflegebedürftigen, weiß Brückner, auch die Küche bediene sich.

Mittlerweile bestellt die Urbane Farm auch den historischen Acker des Parks von Schloss Luisium. Dort wachsen jetzt Bohnen und Topinambur. Und am Stadtrand baut das Team eine „Solawi" auf, eine Solidarische Landwirtschaft. Ein grünes Band aus kleinen Anbauflächen könnte sich künftig durch ganz Dessau ziehen, so Brückners Vision. Beim dort angebauten Gemüse dürfte die Nachbarschaft gerne zugreifen. Und an den Plattenbauten könnten sich Nutzpflanzen emporranken, zur Selbsternte für die Bewohner.

Die Stadtverwaltung von Dessau gab die Parzellen zur Nutzung frei, Jan Zimmermann und Heike Brückner gründeten die Initiative mit

Etwa
370
„Solawis" gibt es in Deutschland

Kühe auf Pontons

So wie die Menschen in Dessau nutzen immer mehr Initiativen die Stadt als Experimentierfeld, um alte Ideen wiederzubeleben und ganz neue Konzepte zu erfinden.

In London, Paris und Seoul zum Beispiel ziehen Städterinnen und Städter Essbares in stillgelegten U-Bahntunneln, Parkhäusern oder Luftschutzbunkern heran. Im Hafen von Rotterdam erprobt eine Farm, ob sich Kühe auch auf einem Ponton halten lassen. Und in den USA wachsen Salate oder Kräuter mancherorts in Football- und Baseballstadien.

Die urbane Landwirtschaft sei längst kein Spleen mehr von einigen besonders engagierten Menschen, sondern werde weltweit erforscht, erprobt und vorangetrieben, sagt Volkmar Keuter vom Fraunhofer-Institut UMSICHT in Oberhausen, das zu Fragen der Umwelt-, Sicherheits- und Energietechnik forscht. „Denn die Idee macht ➜

Klare Haltung Im aktuellen Ernährungsreport der Bundesregierung gaben 86 Prozent der Befragten an, ihnen sei gerade bei Obst und Gemüse die regionale Herkunft wichtig.

Riesiges Potenzial Bundesweit gibt es etwa 360 Millionen Quadratmeter freie Dachfläche, die als Anbauflächen infrage kämen. Gerade in Innenstädten könnte sich die Nutzung rechnen.

Auf einst verwilderten Brachflächen zwischen Wohnblocks bauen die Ansässigen im Süden von Dessau ihr Gemüse an

Regendusche

Urbane Landwirtschaft bedeutet vor allem viel Handarbeit: Beikräuter müssen aus dem Weg geschafft, Beete gegossen werden

Knollenglück

Ein Solarpaneel liefert Energie für die Wasserpumpe. Das Gießen per Kanne erfordert dennoch kräftige Hände

Der Lohn der Arbeit: frische und köstliche Erdfrüchte – sowie das Gefühl, gemeinsam Sinnvolles zu leisten

Die Gruppe versorgt sich nicht nur selbst, sondern verkauft auch Waren an zwei Restaurants und auf einem Biomarkt

einfach Sinn: In Zukunft wird der Großteil der Menschheit in Städten wohnen, deshalb müssen wir schon jetzt überlegen, wie wir sie versorgen".

Sinnvoll seien urbane Farmen aber auch, weil Ortschaften den Pflanzen wichtige Ressourcen bieten, so der Agrarexperte: „Die Abwärme von Gebäuden zum Beispiel kann Gewächshäuser heizen, das in Städten produzierte CO_2 brauchen Pflanzen zum Wachsen, und aus den Abwässern können wir wertvolle Nährstoffe gewinnen."

Theoretisch wären
75
Prozent regionale Versorgung möglich

Gemüse auf dem Dach

Eine solche Anlage hat Keuter selbst entworfen: Auf dem Dach des Jobcenters von Oberhausen betreibt das Fraunhofer-Institut das Gewächshaus „Altmarktgarten". Noch experimentiert Keuters Team dort mit unterschiedlichen Anbaumethoden. Bei Vollauslastung aber könnte es künftig 40 Tonnen Gemüse pro Jahr liefern – hierzulande beträgt der jährliche Pro-Kopf-Verbrauch 100 Kilogramm. Das Potenzial von Dächern als Anbauflächen sei in Deutschland noch viel zu wenig genutzt, so Keuter: Bundesweit gebe es etwa 360 Millionen Quadratmeter freie Dachfläche, die sich dafür eigne. Gerade in Innenstädten, wo Grundstückspreise hoch sind, könnten sich solche Nutzgärten in luftiger Höhe rechnen – und einen wichtigen Beitrag leisten zur Selbstversorgung einer Region.

Bislang werden auf derartigen Stadtfarmen vor allem pflegeleichte Kräuter und Blattgemüse angebaut, zum Beispiel Mangold und Salate. Auch für schnell wachsende Pflanzen wie Gurken, Tomaten und Paprika bietet sich das System an. Sattmacher aber wie Weizen, Reis und Mais fehlen: Sie brauchen deutlich größere Flächen, als die meisten Ortschaften aufbieten können.

Urbane Köstlichkeiten

„Mit urbanen Anbaukonzepten allein werden wir die wachsende Weltbevölkerung nicht ernähren können", sagt Volkmar Keuter. „Aber sie liefern eine wertvolle Ergänzung: Wenn wir künftig mehr Obst, Gemüse und Kräuter direkt aus der Stadt beziehen, bleibt auf dem Acker mehr Platz für Stärkelieferanten wie Mais oder Weizen."

Sogar kulinarisch können die Stadtpflanzen ein Gewinn sein: Weil sie nur kurze Wege überstehen müssen, eignen sich auch empfindliche Sorten für den urbanen Anbau, etwa besonders aromatische, aber weiche Erdbeeren oder alte Tomatensorten.

Weil sie nur kurze Wege überstehen müssen, können auch empfindliche Sorten wie weiche Erdbeeren vollreif geerntet werden

Außerdem: Viele Früchte für den Supermarkt werden üblicherweise kurz vor der Reife geerntet, damit sie beim Transport noch fest sind. Arbeiten Gärtnerinnen und Gärtner aber in der direkten Nachbarschaft, können sie vollreife Früchte pflücken.

Noch ein Grund mehr, Stadtgemüse den Vorzug zu geben – und am besten gleich selber mit Harke und Pflanzkelle eine urbane Brache zu beackern. ●

BASISWISSEN

Belastetes Gemüse?

Was zu beachten ist, damit die Nahrungsmittel aus eigenem Anbau lecker und gesund sind

Ausgerechnet kurzlebige Pflanzen wie Salate oder Rüben neigen dazu, Gifte einzulagern. Daher sollten Beete einen **Mindestabstand** von zehn Metern zu stark befahrenen Straßen haben. Eine Mulchschicht schützt Wurzelgemüse vor Schadstoffen aus der Luft. Um den Kontakt mit belasteten Böden zu verringern, eigenen sich Hochbeete oder Kübel. Düngemittel und Gartenerde sollten zertifiziert sein.

Urbane Ressourcen Die Abwärme von Gebäuden kann Gewächshäuser heizen, das in Städten produzierte CO_2 brauchen Pflanzen zum Wachsen, aus Abwässern lassen sich Nährstoffe gewinnen.

Extreme Nahversorgung Erste Supermärkte stellen bereits Treibhäuser im Miniaturformat neben ihre Gemüsetheke. Diese Minifarmen liefern täglich Kräuter und Salat, ohne Transportwege.

Mehr als
15 Millionen
Gärten

gibt es in der Bundesrepublik. Nach dem Entspannen zu Hause ist Gärtnern die zweitliebste Beschäftigung

Die Oase hinter dem Haus

Sie versorgen uns nicht nur mit allerlei Köstlichkeiten: Gärten spenden uns auch Geborgenheit, Inspiration und Ruhe. Eine Hommage an die Pracht unserer Grünanlagen

Text: Rainer Harf

Alles lebt und ist eingebunden in den Kreislauf der Natur. Sanft wiegen sich die Blüten im Frühsommerwind, und der Kohl schiebt kraftstrotzend seinen Kopf aus dem Boden

Etwa
2/3
aller Deutschen
ab 14 Jahren arbeitet
zumindest zeitweise
im Garten

Rund
45 Prozent
der Deutschen haben einen Garten oder leben in einem Haushalt mit Garten

Jeder Garten ist eine kleine Welt für sich –
manchen erfüllt ein wahres Tierkonzert: ein Schnattern
und Quaken, Surren und Zwitschern

Wir wandeln entlang heimlicher Wege, alles grünt und blüht und gedeiht. Der Garten: Er ist ein Ort der Überraschungen, der zum Verweilen einlädt

Mehr als
450
Quadratmeter groß
ist ein durchschnitt-
licher Garten in
Deutschland

Etwa
10
Milliarden

Euro wurden allein im Jahr 2021 mit Blumen und Pflanzen erwirtschaftet, fast zehn Prozent mehr als im Vorjahr

Das Auge versinkt in einem Meer aus Farben, in einem Rausch aus Blüten. Mit den Vögeln flattern auch unsere Gedanken empor

Wie ein Blumenkübel zum Mini-Küchengarten wird

Gemüse aus dem *Blumentopf*

Folgende Kombinationen eignen sich: Links: Chili, Kapuzinerkresse, Mangold Rechts: Erbse »Avola«, Rotkohl »Red Jewel«, Schnittlauch (weitere Anleitungen in »Samenwunder« von Sophie Collins und Melissa Mabbitt, siehe Seite 114)

Das brauchen Sie:

* Samen für eine der Kombinationen auf der linken Seite
* Kleine Töpfe oder Anzuchtschalen
* Torffreies Substrat
* Verrotteter Mist oder Kompost
* Große Blumenkübel

***In einem einzigen Topf** kann ein ganzer Gemüse-Eintopf wachsen: dekorativ und produktiv zugleich, mit Farben und Formen wie in einem Beet. Da macht das Ernten und Kochen des Mischgemüses gleich doppelt Spaß. **Wichtig dabei:** Die Pflanzen sollten sich untereinander gut vertragen*

Mit ihren Wuchsformen beanspruchen die Pflanzen unterschiedliche »Etagen«

Schritt 1 Perfekt eignet sich ein großer Kübel oder eine Zinkbadewanne. Falls nötig sollte man Abflusslöcher in den Boden hämmern oder bohren

Schritt 2 Aussaat nach Anweisung auf dem Samentütchen, die Pflänzchen in Töpfen weiterkultivieren, von jeder Art vorsichtshalber mehrere Pflanzen ziehen

Knapp

60

Milligramm Vitamin C enthält 100 Gramm Rotkohl

Schritt 3 Hohe Pflanzen (Erbse und Chili) nach hinten setzen, Kohl und Mangold in die Mitte, niedrige Pflanzen vorn und seitlich, damit sie über den Rand hängen können

Clever

Ein bis zwei Wochen bevor sie die Samenstände im Beet von den Blumen abschneidet, bindet Gartenbloggerin Swetlana Osmers Papiertüten darum. Sie schützen vor Verlusten von kostbarem Saatgut

Saat gut – Ernte gut

Erntezeit ist auch die Zeit, für die Früchte im nächsten Jahr zu sorgen. Doch wie gewinnt man Saatgut am besten? Und wie sollte man es lagern? Tipps für eine vielfältige und ertragreiche kommende Saison

Text: Sinah Nicklaus Fotos: Swetlana Osmers

Saatgut aus Gemüse gewinnen

Fleischige Früchte erntet man am besten vollreif und löst das Saatgut entweder mit einem Löffel heraus oder bei Tomaten, indem man sie mittig durchschneidet und das Fruchtfleisch herausquetscht

Satte Ernte

Praktischer Tipp: Knoblauchknollen lassen sich zum Trocknen einfach zu Zöpfen flechten

Aromatisch

Volle Knolle

Knoblauch ist nicht nur schmackhaft, sondern auch sehr gesund. Er lässt sich wunderbar trocknen – eine Hälfte hängt zum Verzehr in der Küche, der Rest wird im kommenden Jahr wieder ausgesät

Bis zu

90

Zentimeter hoch werden Knoblauchpflanzen

Zucchini gedeihen am besten in nährstoff-reicher Erde, sonnig bis halbschattig

Zur Frucht

Die Aufzucht gelingt in Gartenbeeten, aber auch in Kübeln auf dem Balkon oder der Terrasse. Wichtig zu wissen: Sollte die Frucht bitter schmecken – lieber direkt entsorgen. Zucchini kreuzen über die Bestäubung leicht mit Kürbissen. Sehr selten entstehen in der Nachfrucht bestimmte giftige Bitterstoffe.

D

Die Früchte der Arbeit
Aus eigener Ernte die nächste Ernte schaffen? Das klingt nach einem natürlichen Kreislauf und gehört für Swetlana Osmers zum nachhaltigen Gärtnern einfach dazu. Wer Jahr für Jahr einen Teil seiner Pflanzen zur neuen Aussaat nutzt, kann sie nach und nach den lokalen Bedingungen anpassen. Zugleich erhält er „samenfestes" Saatgut: Die Pflanzen, die daraus hervorgehen, unterscheiden sich kaum von ihren Elternpflanzen. Sie tragen zwar weniger Samen als viele nicht-samenfeste Züchtungen, dafür bieten sie schmackhafte und sortenreine Früchte.

Wie funktioniert dieses Prinzip bei fleischigen Früchten? Man erntet sie vollreif und löst das Saatgut entweder mit einem Löffel heraus oder bei Tomaten, indem man sie mittig durchschneidet und das Fruchtfleisch herausquetscht. Im besten Fall fängt man die samenreiche Masse in einem Sieb auf und wäscht sie unter fließend kaltem Wasser ab, bis alle Pflanzenrückstände entfernt sind. Die nassen Samen lassen sich dann einzeln auf einem gut saugenden Untergrund ausbreiten, damit die Flüssigkeit entweichen kann. Dabei sollte man darauf achten, dass sie nicht übereinander oder in der prallen Sonne liegen.

Reif zur Ernte!
In der Regel trägt jede Blüte, egal ob Schnittlauch, Basilikum oder Ringelblume, Samen, die man für das nächste Jahr gewinnen kann. Ob eine Pflanze reife Früchte mit Samen gebildet hat – die also bereit zur Ernte sind –, erkennt man daran, dass sie meist eingetrocknet sind und sich braun verfärbt haben. Swetlana empfiehlt, an einem sonnigen und regenfreien Tag zu ernten. Sie benutzt bei der Ernte in den Beeten idealerweise eine Schere, um Erschütterungen zu verringern: So geht keine reife Saat verloren. Die Samenstände werden vorsichtig abgeschnitten und zum weiteren Trocknen an einen schattigen und trockenen Platz gelegt. Auch vermeidet Swetlana, dass die Ernte der direkten Sonne ausgesetzt ist. Sobald die Samen ausreichend getrocknet sind, kann man sie von etwaigen Pflanzenresten befreien.

Die so gewonnene Saat, wie auch die von fleischigen Früchten, lässt sich idealerweise an einem dunklen Ort aufbewahren, etwa in Papiertütchen (siehe Anleitung auf der nächsten Seite). Wer also Lust auf schmackhafte Früchte und reine Sorten hat, beginnt direkt damit, Teile der Ernte in diesem Jahr für die nächste Pflanzzeit zu nutzen.

Auch ausgefallenere Sorten schmackhafter Pflanzen wie zum Beispiel Knoblauch-Schnittlauch verbreiten sich auf diese Weise weiter in den heimischen Beeten. Swetlana rät, die Saaten gut zu beschriften. Und zu beobachten, was wo besonders üppig gedeiht. Für Farbästhetiker: Bei Blumen hilft es, neben dem Namen auch die Farbe der Blüte zu notieren.

Damit keine reife Saat verloren geht, sollte man Erschütterungen vermeiden und eine Schere benutzen

Bis zu

40

Zentimeter können die Blütenkörbe der Sonnenblume messen

Ein Hauch von Asien

Der Knoblauch-Schnittlauch (links), kurz Knolau, ist ein köstlich mundendes Lauchgewächs, das vor allem in der ostasiatischen Küche verwendet wird – die Blätter nutzt man ähnlich wie Schnittlauch oder Bärlauch

Samen bergen **und schützen die zarten Embryonen der Pflanzen**

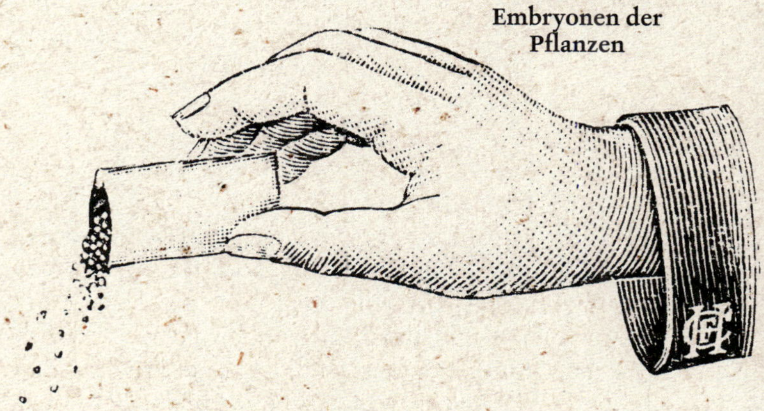

Es ist ein ganz besonderes Gefühl, aus dem eigenen Garten Saatgut zu gewinnen

Biologisches Prinzip

Jede Blüte – ganz gleich ob bei der Sonnenblume oder beim Basilikum, beim Knoblauch oder bei der Ringelblume – ist biologisch dazu da, Nachkommen für die kommenden Generationen zu bilden. Diese Nachkommen schlummern in den Samen, die sich für die nächste Saison gewinnen lassen. Den Zeitpunkt, ab dem man die Samen ernten kann, erkennt man bei zahlreichen Blüten daran, dass sie eingetrocknet sind und sich braun verfärbt haben

Einfach praktisch

Kaffeefilter eignen sich ideal als Unterlage zur Trocknung

Auf ihrem Blog *osmers.me* mit zahlreichen Gartentipps bietet Swetlana Osmers unter anderem auch eine Tauschbörse für Selbstzüchtende an

Saatgut-Tüten selbst herstellen

Eine einfache Anleitung in wenigen Schritten

1. Ein A4-Blatt auf A5-Größe mittig falten, wieder öffnen und anschließend die Ecke links oben und rechts unten zur gefalzten Mitte auf Stoß umschlagen.

2. An der zuvor gefalzten Mittellinie die linke Hälfte nach hinten umklappen.

3. Den nun überstehenden Teil der linken Hälfte nach oben schlagen und fest andrücken.

4. Die obere rechte Ecke nun zur langen Seite herunterknicken, sodass ein Dreieck entsteht.

5. + 6. Die fertige Tüte kann nun entfaltet werden.

Gute Idee: Swetlana bewahrt Saatgut, das sie selbst wieder aussäen will, meist in kleinen Gläsern ohne Gummidichtung auf. Genauso gut lagert es in diesen selbst gefalteten Tütchen, die sich auch gut zum Versenden beim Tausch eignen

Erntezeit

Nach der Blühperiode wächst bereits die Vorfreude auf die nächste farbenfrohe Saison

Meine Schmökertipps rund ums Gärtnern

Zum Weiterlesen

Als Gartenfan kann man sich nie genug Inspiration holen

Plastikfrei gärtnern

Es geht auch ohne Pflanztopf aus Plastik oder Erde aus der Tüte – Elke Schwarzer zeigt, wie: Upcycling betreiben, eigene Blumenerde herstellen, Dünger aus Pflanzen gewinnen, Naturmaterialien nutzen.

Topfgärtner

Mit ihrem grünen Daumen weist Veronika Schubert den Weg zum eigenen kleinen Garten in Töpfen, auf Terrasse oder Balkon. Pflanzen für jede Jahreszeit, frisches Gemüse auf kleinem Raum – einfach umzusetzen.

Wild & bunt

Wie gestaltet man einen Garten, der Vögeln, Insekten und anderen Tieren Lebensraum bietet? Simone Kern gibt Beispiele für trockene, feuchte, steinige Gartenbereiche, inklusive Musterbeeten und Einkaufslisten.

Blühende Ideen

Samenwunder

Pflanzen aus Samen zu ziehen ist kein Hexenwerk. Sophie Collins und Melissa Mabbit präsentieren alle Basics am Musterbeispiel von beliebten Blumen- und Gemüsearten wie Sonnenblume, Tomate, Karotte.

Anleitung für Selbstversorger

Wer an weiteren Infos von Peter und Miriam Wohlleben rund um Selbstversorgung interessiert ist, sollte einen Blick in ihr Buch werfen, das sich vom Beet bis zur Bienenzucht allen Aspekten des Themas widmet.